工程学入门 上

【美】乔治·E. 罗杰斯　迈克尔·D. 莱特　本·耶茨　著

陈晨晟　房奇　沈哲亮　赵勇智　周球尚　译

上海科技教育出版社

出版说明

21世纪是知识和经济全球化的时代，科技创新越来越受到重视，社会对科技与工程类人才的需求与日俱增。各国为了应对竞争压力，纷纷进行基础教育改革，尤其是美国发起的STEM（科学、技术、工程和数学，简称STEM）教育，在全世界引起了广泛的关注和探索实践。

当前，我国基础教育阶段的工程教育尚处于起步阶段，没有成熟的课程设置与师资配备，也缺乏相对权威可靠的课程资源。为此，我们精选美国“项目引路”机构（Project Lead the Way，简称PLTW）的课程资源，引进出版了这套“中小学工程教育”丛书。目前，美国50个州和哥伦比亚特区已经有4700多所学校开设PLTW课程，PLTW的课程资源是目前美国初中和高中使用最广泛的预备工程教育课程资源。我们希望，这套丛书的引进出版，为我国当下正在策划的基于“核心素养”的基础教育课程改革，以及我国以工程技术思想为龙头的STEM教育的有效实施提供参考。

需要说明的是，原书使用的度量衡单位、符号及部分规范，与国内通用的国际单位有所不同，为了原汁原味地保持原有内容，以及行文的简洁，我们仅在每本书的前面附上了单位换算表，以方便读者使用。此外，该套丛书涉及科学、技术、工程和数学多个领域，翻译难度较大。不当之处，欢迎广大读者批评指正。

丛书序

教育要面向未来多变的社会，要培养具备全球胜任力的学生。在这样的背景下，综合性、跨学科的知识和能力越来越重要，这也是我国当前课程改革中最新提出培养、发展学生核心素养（即必备品格与关键能力）的重要内涵。因此，通过加强跨学科课程建设，给学生提供跨学科学习经历尤显重要。国际上当前流行的STEM、STEAM课程，也正是以跨学科、综合性作为其重要特征的。

我国的基础教育历来十分注重学科课程。虽然学科课程原本内涵着跨学科的元素（如物理中有数学，化学中有物理，历史中有地理），但长期以来已被固化,缺乏与时俱进的深化和拓展。近年的课程改革又开始重视综合性课程和跨学科课程的开发，如全国课程改革中的综合实践活动课程，上海课程改革中的研究型课程、科学课程和艺术课程。但在实施中，这些课程远未达到应有的水平。而且现在看来，这些课程缺乏了一个重要内容，就是工程教育。工程是科学、数学与技术等的整合与应用，航天工程、生物工程、桥隧工程、建筑工程、“菜篮子工程”等都是工程。在工程中，必须把设计思维和实践能力放在重要位置，这就要求能够在面临一个复杂的、综合性的任务时，创造性地利用各种手段和方式去完成任务。在设计思维里，系统性思想、以人为本的思想都非常重要。因此，工程教育是跨学科的，是培养设计思维和实践能力的一个很重要的载体，而这正是发展学生核心素养的重要内容。

在基础教育课程改革中，我们首先关注课程的育人价值，在今天特别要考虑课程面对未来的育人功能。工程教育的缺失会产生育人的短板，这也是国际教育界通过反思之后特别重视STEM课程的重要原因。当前，加强工程教育已经成为国际共识。

如何弥补工程教育在我国基础教育中的的薄弱与空白？由于当前国内还没有理想的中小学工程教育教材，所以需要学习和借鉴。本套“中小学工程教育”丛书是从美国引进的，有很多值得借鉴的优点。首先，内容系统、完整。书中对工程学科有全面、系统的介绍，包括工程设计的一般流程，工程建设相关的工具、材料、职业等。书中还结合具体的工程项目，介绍了物理、数学等学科知识在工程问题中的应用。其次，它是跨学段的系统设计，初中阶段的学生用书是《工程学入门》，高中阶段的学生用书是《工程原理》《工程设计导论》，内容的难易与梯度都比较合适。第三，语言生动、图文并茂，可读性很强。最后，整套书不仅有功能类似传统教材的学生用书，还有配套实践手册，可供学生练习、提高。

“他山之石，可以攻玉”。我希望这套“中小学工程教育”丛书的翻译出版，可以为我国当前的课程改革、教材开发服务。希望国内的相关人士，能够在此基础之上，开发本土中小学工程教育教材。

张民生

2017年12月

单位换算表

量的名称	英（美）制单位		换算关系
	名称	符号	
长度	英寸	in	1in = 25.4mm
	英尺	ft	1ft = 12 in = 0.304 8m
	英里	mi	1mi = 5 280 ft = 1 609.344m
面积	平方英寸	in^2	$1in^2$ = 645.16 mm^2
体积	立方英寸	in^3	$1in^3$ = 16.387 cm^3
容积	加仑（美）	gal	1gal = 3.785 4L
力	磅力	lbf	1lbf=4.448 222N
正应力	磅力每平方英寸	lbf/in^2，psi	$1lbf/in^2$ = 6 894.757Pa

前言

技术和人类自身一样古老。它开始于最初的人类学会使用石头、木棒，甚至动物骨骼等天然材料作为工具的时候。当人们发现如何将石头固定在木棍上制成一把短斧或一支长矛时，一项技术便诞生了。

想一想一天中从你早上醒来的那一刻起，你会用到的所有技术。是不是闹钟叫你起床的？闹钟发出声音所需要的的电从哪儿来，电又是如何进入你的闹钟里的呢？你在家是不是使用热的自来水淋浴呢？这水是如何到达你家里的？这水又是如何在你家里流通，如何加热的呢？你是否使用餐具和家电来烹饪和享用食物呢？这些都是谁设计的？又是如何被制造出来的呢？

COURTESY OF NASA

COURTESY OF AMERICAN HONDA MOTOR COMPANY, INC.

© BRIEDIS/SHUTTERSTOCK.COM

这些例子或许看起来很简单，但是他们都是由工程师和工程技术专家们设计、生产出来的。想象一下，如果没有电、热水或者简单的餐叉和勺子，你的生活将会是什么样。工程师和工程技术专家们设计、生产从银餐具到拯救生命的医疗设备的一切东西。他们设计了一些智能化的设备，小的足够精巧，能用于探索你的身体内部，大的足够强大，能够探索外太空。你们对工程学和技术的学习可以帮助你们为将来从事使其他人的生活变得更加美好的设计事业打下基础。

如何使用本书

正如产品由工程师设计和测试以满足人们的需求，本书是由专家们设计和测试来帮助你们学习的。每个章节都包含了最新的信息和板块来说明工程师在实际中如何处理设计问题。在每章内容里找出以下板块：

应用中的工程学

众所周知，弗里斯大转轮（摩天轮）的建造要归功于美国宾夕法尼亚州匹兹堡的桥梁建造师弗里斯（George Ferris）的技术技能和工程学知识。弗里斯毕业于伦斯勒理工大学，并获得了土木工程专业学位。他先是在铁路系统做桥梁建造师，后来在匹兹堡成立了一家钢铁公司。1891年，弗里斯出席了一个工程宴会，目的是要为美国设计一个可以和1889年法国世界博览会的地标性建筑——埃菲尔铁塔相媲美的建筑。当时，他在一张餐巾纸上画了一幅竖立的回转木马草图，之后他的弗里斯大转轮便在1893年的芝加哥世界博览会上亮相。弗里斯大转轮高达264英尺，可能如你所想，它是由钢材制成的。我们今天能够乘坐这类娱乐设施，应当感谢当年弗里斯所接受的工程学教育，以及他相关的技术才能。

▲ **应用中的工程学（Engineering in Action）**：每个章节都以一个特别的故事开始，展现工程师如何处理设计问题，为社会提供解决方案。

▲ **工程学挑战（Engineering Challenge）**：每个章节都设有亲自动手解决问题的活动，以加深学生和老师们对课文中概念的理解。

工程学挑战

工程学挑战2

设计、建造并测试一个娱乐骑乘设施，设施要包含一些简单机器和机械装置，能将游客（或大理石）从等候线（存储箱）运送至24英寸高、距存储箱的一侧也是24英寸的目的地。由于这是一个娱乐骑乘设施，你要以适当的方式，在这个24×24×24立方英寸的立体空间内装入尽可能多的简单机器和机械装置。

▲ **工程学中的数学和工程学中的科学**：通过一些有趣的事实来阐释科学、技术、工程学和数学之间的相互关联。

工程学中的科学

如果支点在杠杆的中点处,那么这个杠杆就是等臂杠杆。当我们向下压等臂杠杆的一端时，另一端因受到一个大小相等的力而向上翘起。不过，在设计过程中，工程师可以通过改变力臂的长度控制所需要的力的大小。

▲ **职业聚焦：** 讲述了不同行业的现实的工程师的故事。故事中的工程师个个都很鼓舞人心，讲述了他们是如何通过教育途径成为一名工程师的。

职业聚焦

姓名：

奥莎娜·威尔（Oksana Wall）

职业：

凯尔特工程公司（Celtic Engineering, Inc.）结构咨询工程师

工作描述：

威尔来自委内瑞拉，她在13岁参观佛罗里达的迪士尼乐园时，就立刻被它深深地迷住了。"这真是一个充满快乐和魔力的地方。"她说。威尔的父亲是一名电气工程师，她本人也很擅长数学和科学，所以她倾向于将来成为一名建筑师或工程师。不过，在那次迪士尼之旅中，她决心长大以后做一名设计主题公园的工程师。

实现了在迪士尼工作的梦想之后，威尔辞职并加入了她丈夫创立的凯尔特工程公司。威尔主要负责主题公园的骑乘设施和展览设施的结构设计。比如，她参与设计了一个亚洲的多媒体展览，可以让人有360°的观影体验。"电影里的一些栩栩如生的元素倒挂在天花板上，将你完全包围。"她说，"你会觉得自己就像是在水中一样。"

威尔和其他工程师一起研究将展览中的设备在观众的上方降落，完成任务后再升起的机制。其中，最大的一个设备重达25000磅。威尔说："在屏幕的后面，有数十种机械装置一起呈现这个展览。

威尔在这份工作中获得了极大的乐趣。"设计娱乐设施的结构是极具挑战性的，因为有太多你要做的工作在过去都没有人做过。"她说，"你需要对传统的工程方法进行调整，以适应具体的情况。你永远不可能做两次同样的事情，这非常有趣。"

教育背景：

威尔在佛罗里达理工大学取得了土木工程专业的学士和硕士学位。她深知自己想要从事主题公园的设计工作，所以在上学期间便致力于这个目标。"我不断地和我的每一位老师，还有其他任何愿意听我说话的人讲我想做的事情，"她说，"最后，我和其他工程师讨论后，明确了我应该做什么，这门课值得去上吗？什么才是好的实践经验？"

给同学们的建议：

威尔能够在那些看上去很困难的工作中发现有利因素。"遇到困难时，不要灰心，"她说，"因为你在这些困难面前感到无能为力的时候，正是你的大脑在真正思考的时候。"

威尔不得不克服的一个困难是，作为女性从事工程领域的工作。"这个领域中几乎没有女性，但这打击不了我。"她说，"当你遇到困难时，想一想你的梦想，如果你一直朝着这个目标努力，你的梦想最终一定会实现。"

▲ **你知道吗？** 这些短文给出了一些关于工程发现的有趣的事实。

你知道吗？

一些娱乐设施，如摩天轮、过山车等，都是利用了简单机械及其原理将能量转化为运动。你和你的朋友则在娱乐设施上体验到了刺激和快乐。可以说，这些娱乐设施既做功，又供人娱乐。

▲ **词汇：**我们对文中的重要词汇进行了定义和突出重点。在每一章的后面你可以用自己的语言写出定义以测试你的理解程度。

▲ **拓展你的知识：**你可以通过完成每一章后面的活动、问题和项目来测试你的理解程度，并学习更多的知识。

给教师

《工程学入门》为中学生介绍了设计的过程、工程图形的重要性以及电工学和电子学的应用、力学、能源、通信、工业生产过程、自动化和机器人，以及控制系统。《工程学入门》将帮助有志于从事工程相关的工作或教育的学生在工程素养方面打下坚实的基础。日常例子展示了工程师和他们的创新如何影响了他们周围的世界。《工程学入门》有很强的技术性，但清晰直接的写作风格依然使本书简单易懂。对新技术的社会影响的讨论将使学生进一步探索工程设计的衍生物。最后，每一章都探索了工程和工程技术领域可能的职业方向。

《工程学入门》和项目引路机构（PLTW）

《工程学入门》源自2006年2月与项目引路机构的合作。作为一个开发工程学课程的非营利性基金会，项目引路机构为学生提供了工程和工程技术教育中所需要的严格的、立足现实的相关知识。

项目引路机构（PLTW）课程的开发者努力通过在每一堂课中建立动手操作的真实项目，使学生能真正体会到数学和科学。为了实现这个计划的课程目标，支持所有想要开发工程学和工程技术的课程项目，以解决问题为目的的教师，德尔玛圣智学习（Delmar Cengage Learning）正在开发项目引路机构九门课程的全套教材：

1. 技术入门
2. 工程设计导论
3. 工程原理
4. 数码电子学
5. 航空航天工程
6. 生物技术工程
7. 土木工程与建筑
8. 计算机集成制造

9. 工程设计与开发

欲了解更多项目引路机构在中学的发展计划，请访问“项目引路”机构（PLTW）的官方网站。

致谢

本书作者感谢理查德·布莱斯（Richard Blais）和理查德·利比希（Richard Liebich）的远见和领导在技术教育学科所发挥的积极影响。1996年，作为纽约州北部的一名中学老师，布莱斯开始审核、开发和评估将工程概念引入初中课程的一系列技术教育计划。这些新的工程学预备课程的目的是为学生在高等教育过程中学习工程与工程技术做准备。利比希家族的慈善创业基金会为这一具有前瞻性的计划提供了资金支持。这项赞助使得PLTW课程成为了全国首屈一指的初中的以工程为核心的技术教育项目。所有同行都应该感激布莱斯的远见和利比希的领导。作者希望《工程学入门》能为他们的远见和领导献上绵薄之力。

作者和出版社向以下评审致谢，他们为保证本书的质量和准确性作出了贡献：

托德·奔驰（Todd Benz），纽约州皮茨福德，门登高中

布伦特·布莱克本（Brent Blackburn），犹他州凯斯维尔，世纪初中

克里斯蒂娜·卡尔沃（Christine Calvo），加利福尼亚州罗斯威尔，库利中学

凯西·库恩（Casey Coon），纽约州布鲁克波特，奥利弗中学

比尔·甘特（Bill Ganter），佛罗里达州坦帕，青年中学

迈克·戈尔曼（Mike Gorman），印第安纳州韦恩堡，伍德赛德中学

康妮·霍兹（Connie Hotze），纽约州彻奇维尔，圣约瑟夫天主教学校

杰夫·豪斯（Jeff House），纽约州彻奇维尔，彻奇维尔-池莉初级中学

罗比·雅各布森（Robby Jacobson），威斯康星州兰开斯特，兰开斯特中学

卡尔·克雷默（Carl Kramer），南卡罗来纳州，春田中学

巴布·库宾斯奇（Barb Kubinski），得克萨斯州阿灵顿，尼克尔斯初级中学

卡丽·麦丘恩（Carrie McCune），印第安纳州奥罗拉，南迪尔伯恩中学

肯·奥德尔（Ken Odell），纽约州彻奇维尔，彻奇维尔–池莉初级高中

劳伦·奥尔森（Lauren Olson），密西西比州比洛克，比洛克初级高中

杰夫瑞·苏里文（Jeffrey Sullivan），威斯康星州梅诺莫尼，梅诺莫尼高中

比尔·雷（Bill Rae），密歇根州芬顿，雷克芬顿中学

帕梅拉·乌尔巴内克–夸利亚纳（Pamela Urbanek–Quagliana），纽约州克拉伦斯，克拉伦斯中学

马修·威尔穆斯（Matthew Wermuth），瓦尔登大学

罗拉·惠渥斯（Lola Whitworth），南卡罗来纳州威斯米利斯特，威斯米利斯特中学

乔安妮·唐娜（Joanne Donna）是PLTW课程的一位开发者，并以纽约州戈尔韦镇戈尔韦中学（Galwoy Middle School, Galway, NY.）老师的身份校正了本书的部分内容。课程开发者B.J.布鲁克斯（B.J. Brooks）、萨姆·考克斯（Sam Cox），以及韦斯·特雷尔（Wes Terrell）也为PLTW课程校正了书稿。

关于作者

乔治·E·罗杰斯（George E. Rogers）博士是普渡大学工程/技术教师教育的教授和协调员。

迈克尔·D·莱特（Michael D. Wright）博士是中密苏里大学教育学院院长。

本·耶茨（Ben Yates）是密苏里科技大学PLTW附属机构密苏里项目引路分部副主任。耶茨曾是一名授课教师，学校行政领导及大学教授。

目录

第3部分 工程设计建模

《工程学入门（下）》目录

第1章 工程学与技术

菜单

头脑准备

在学习本章的概念时，请思考下面的问题：

1. 什么是工程学?
2. 工程师和工程技术人员人员之间有什么区别?
3. 科学和技术之间有不同吗?
4. 创新和发明是一回事吗?
5. 为什么工程学专业对我们国家的经济竞争力和我们的生活水平这么重要?
6. 哪些行业领域涉及工程学?
7. 哪些高中课程可以让我们学习到更多的工程学知识?

图1-1　阿波罗11号进行月球表面舱外活动（EVA）时，宇航员巴兹·奥尔德林（Buzz.Aldrin）在美国国旗旁拍照。

“我认为我们国家应该致力于实现这一目标：在十年内，实现人类登月并安全返回地球。”

——美国总统约翰·肯尼迪，1961年

应用中的工程学

1961年，美国总统约翰·F.肯尼迪（John F. Kennedy）给美国提出了这个人类历史上最大的工程学挑战。在那个年代，还没有任何能够飞上月球的技术，更不用说让一个人在太空中存活。许多人都说送一个人去月球是不可能的事情，它只可能出现在科幻小说中（见图1-1）。

尽管有重重阻碍，第一个登月舱——鹰号登月舱依然于1969年7月20号降落在了月球表面。第二天，宇航员尼尔·阿姆斯特朗(Neil Armstrong)走出宇宙飞船踏上了月球（见图1-2）。他说过一句有名的话：“这是我的一小步，却是人类的一大步。”

图1-2 1969年7月21日,宇航员尼尔·A·阿姆斯特朗，鹰号登月舱的阿波罗11号任务指令长，成为了第一个踏上月球表面的人类。

美国国家航空航天局（NASA）的工程师们不得不克服许多技术挑战来实现肯尼迪总统的重要目标。为此，他们仔细地计划、设计和测试了许多项目。每一个项目都使他们更接近目标，直至最后成功。继阿波罗11号成功登月之后，宇航员又进行了六次登月任务，每一次都安全返回。

你知道吗？

为太空计划做研究的工程师也为这个世界提供了许多新产品和发明。

使用微型电子的消费品、家中的烟雾检测器、偏振太阳镜、通过人造卫星传送至世界各地的电视节目，以及电池驱动的工具都是太空计划的衍生产品。

第一节：什么是工程技术？

也许你以前多次听说过这些概念：工程师、工程和技术。它们是我们现代社会的重要组成部分。许多人将这些概念混淆着使用，但实际上它们的含义是有区别的。

工程学专家为各种问题设计解决方法，以使人们的生活更加美好。工程学的专业有很多不同的职业类型（见本章第三节）。本书中你将会读到真正的工程师的故事，他们从事着不同类型的工作，用他们的实用技能为社会做着贡献。

谁是工程师?

工程师 是设计产品、结构或者系统，以改善人们生活的人。你每天都使用很多这样的产品，比如吹风机、电卷发器、冰箱、视频游戏、滑板、MP3播放器以及手机。你还可以在你身边看到各种工程结构，比如各种建筑、桥梁以及高速公路。环顾你的教室，桌子、椅子、计算机、DVD播放器、监控器、白板、照明电路和冷暖空调系统，这些都是工程师设计的产品、结构和系统的范例（见图1–3）。

工程师（engineer）
工程师是设计产品、结构或者系统，以改善人们生活的人。

你或你的同学可能戴过眼镜或隐形眼镜，这也是由工程师设计的。再看看那些样式繁多的鞋子！所有这些产品都可能是由工程师设计的。工程师可以精确绘图和制作产品模型。

图1–3　像手机这样的产品都是由工程师设计的。

工程师通常是团队合作。学习和别人和谐共事是一件重要的事情，因为团队合作会让项目更容易成功，特别是在设计复杂的产品时。工程师运用数学和科学原理来设计解决方案以满足人们的需求。工程师设计、计划并且经常监督产品的生产流程。而且他们不会停止对产品的设计；工程师也设计生产产品的机器。工程师设计和监督公路、大运量客运系统、建筑物和其他结构的建造。他们为建筑物设计电力系统、管道系统和冷暖空调系统。他们也设计海、陆、空及空间

工程学中的数学

数学是工程与技术的“语言”。在早期文明中，数学的发展使得人们可以建造如大教堂这样更大、更复杂的结构。如今，数学成为工程学基础。数学语言可以非常精确地描述物体。工程师也可以运用数学模型来测试他们设计的作品，而不用真的把它建造出来。

的交通工具。运输物不仅有人和产品，还有诸如水、原油和天然气等原材料。

工程师也考虑如何将能源转化为电来为我们效力。工程师一直在研究更好的将太阳光、风、水、煤、石油和地热蒸汽转化为电的方法。工程师努力地提高着我们的生活质量，同时也保护着我们的环境（见图1–4）。

工程师利用计算机和计算机辅助设计（CAD）软件进行设计和测试结果（见图1–5）。他们常常设计由很多部分组成的系统（见图1–6）。这些系统可能包含了简单的机器和机械装置。工程师还研究诸如成本、效益和效率之类的问题。

为了帮助保护我们的生活环境，工程师关注他们设计的产品的整个寿命周期。一个产品没有使用价值后会怎样？它是被当做垃圾填埋还是被回收利用？

如今的工程师设计着我们的未来。他们设计健康护理设备、消费品和机器人。他们既会设计巨大的宇宙飞船，也会设计比针尖还要小的纳

COURTESY OF SANDIA NATIONAL LABORATORIES, SUMMIT™ TECHNOLOGIES, WWW.MEMS.SANDIA.GOV

图1–4 工程师设计不同的方式以利用清洁、可再生的能源，如风车。

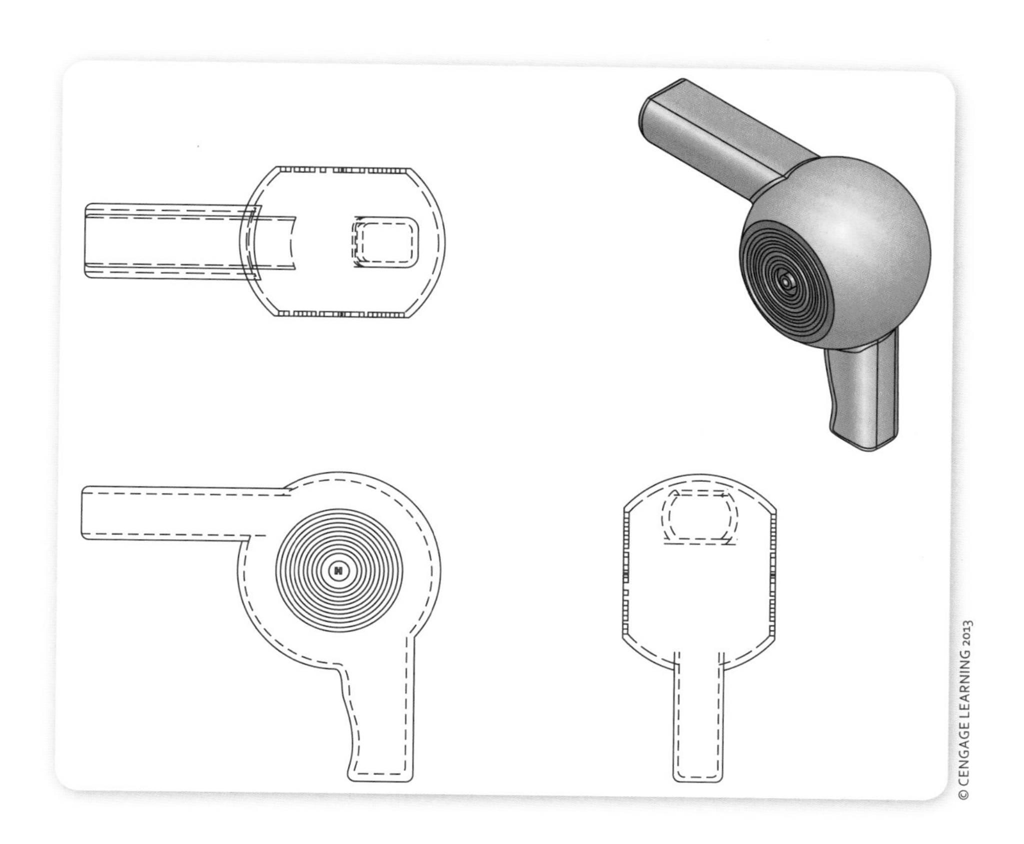

图1–5　此图为一个CAD绘图的例子。

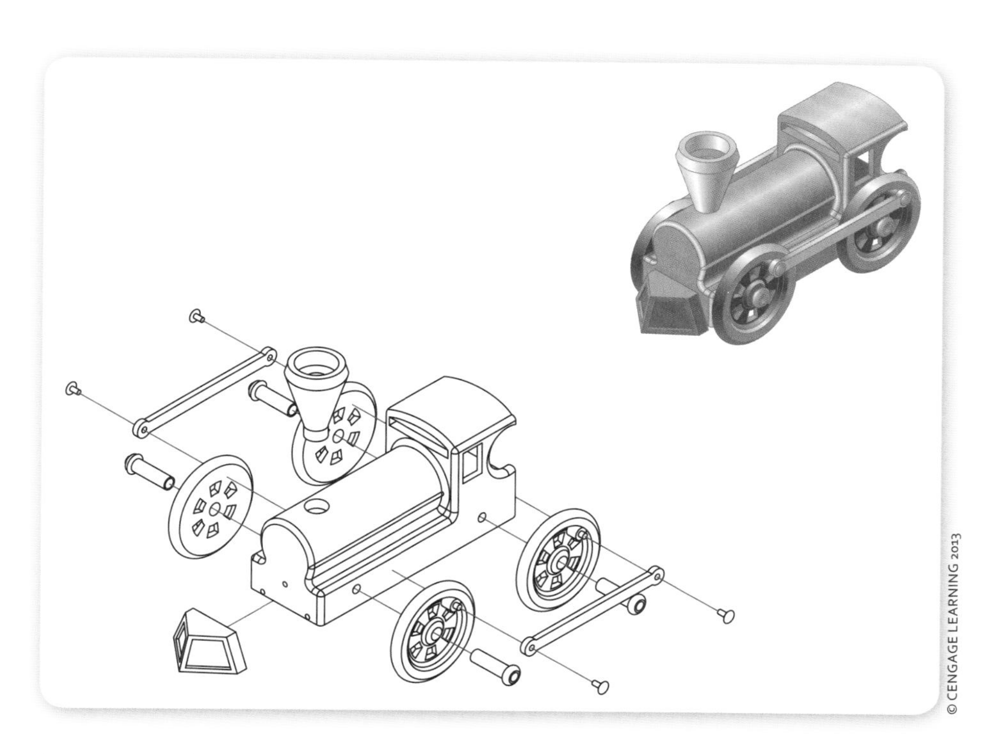

图1–6　这张CAD图片展示了最终产品由多个部件组成。

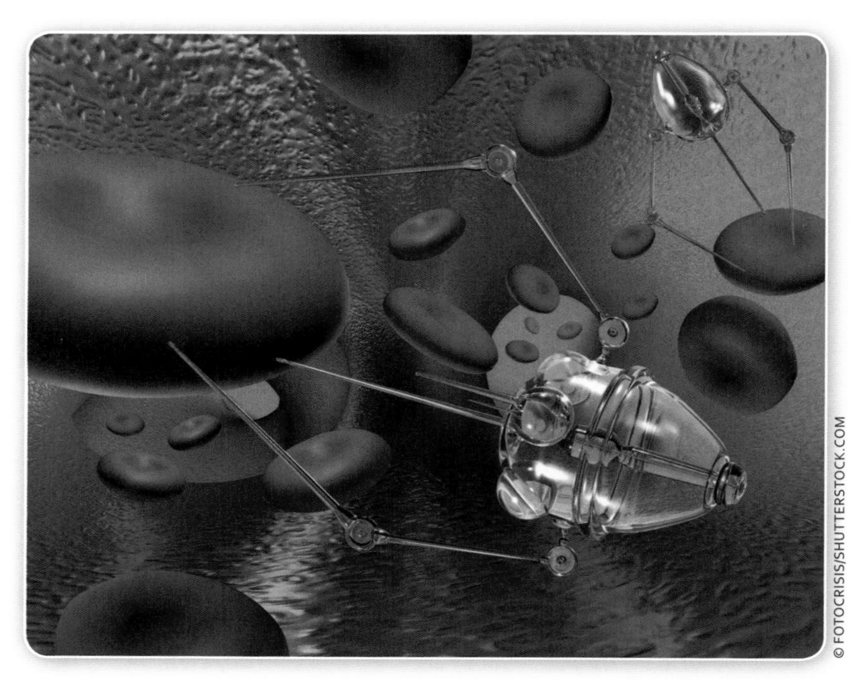

图1-7　工程师们正在设计一种微小的、可以在血液中游动的纳米遥控装置。将来，这样的遥控装置可能会用来向单个细胞注射药物来治疗癌症。

米设备（见图1-7）。工程学是一个可以改变我们生活方式的令人振奋的事业。

工程学
（engineering）
工程学是指设计解决方案的流程的学科。

什么是工程学？

工程学 是指设计解决方案的流程的科学。工程学的流程包括为其他人制作生产产品所需要的图纸和模型。图纸须是非常精确并能够提供完整的信息。通常，工程技术人员是指设计或监督各种产品的生产过程的人。

工程技术人员
(engineering technologist)
工程技术人员是指工作在与工程密切相关的领域的人。技术员的工作通常较为实用或实际，而工程师的工作则较为理论化。

谁是工程技术人员？

工程技术人员 与工程师比较更注重实际而少用理论。他们负责解决产品的细节问题和设计制造产品的整个体系。他们对用来生产的工具和机器及生产的整个进程有着广泛的了解。在生产过程中，工程技术人员常常扮演着介于工程师和生产工人之间的角色。他们也可能会参与产品的设计。

什么是工程学问题？

本书中使用的概念“问题”是指那些需要解决的挑战。工程学中的问题并不一定是消极的。例如，有这么一个问题：“我如何随身携带数百张CD，以便我不在家的时候也可以听音乐？”一个非常好的解决办法就是使用MP3播放器。

技术

技术 与工程不同。大部分人使用“技术”一词来指代计算机或其他电子配件。但是“技术”有着更加确切的含义。何不花上一分钟的时间来查查字典。你会发现它的定义很简单，是指“知识的实际运用”或是“生产产品的艺术和科学”。这包含“知道怎么做”并且有“做”的能力。“技术”的英文单词technology源于希腊语词根，指的是生产产品的艺术。技术是一种人类的行为方式，它与发明和创新有着紧密的联系。如今，技术有着双重的含义。它既指研究发明和创新，也指实际制造出的产品即人工制品。

技术(technology)
技术是（1）人类发明新产品以满足自己需求的流程（2）产品或人工制品的实际生产。

3

技术与科学　科学是对自然界和主宰自然界的定律的研究，而技术则是利用人类的知识来发明人们所需要的新产品（见图1-8）。这些产品有时被称为“人工制品”。这意味着人们利用知识来操纵、控制或改变他们周围的世界。考古学家在每一种文明中都发现了人工制品。这证明了技术确实是人类所努力追求的。技术是使我们成为人类并区别于动物的因素之一。

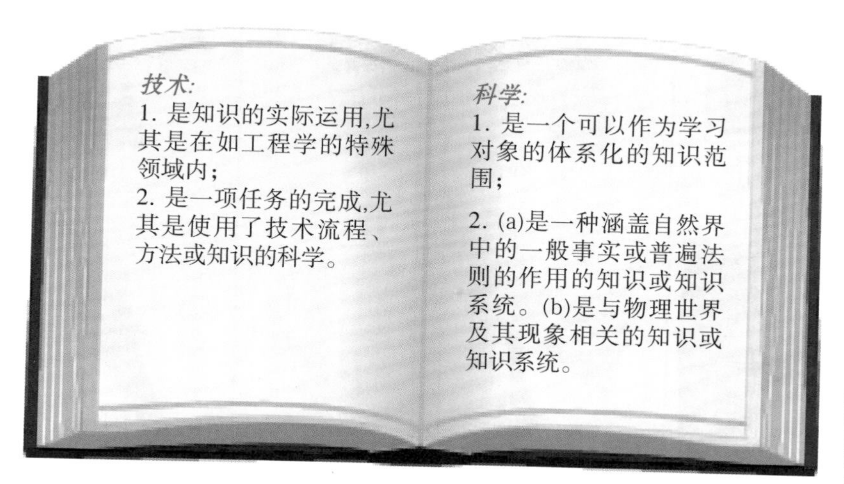

图1-8　技术与科学的定义。

工程学中的科学

科学与技术相互补充。科学解释了技术设备为什么能工作。在过去，人们能够发明技术设备，却不能科学地解释它们是如何工作的。如今，科学和技术相互促进。科学家利用技术进行更深入的科学研究。工程师和技术人员利用科学原理来改进他们的设计。

技术是什么时候开始出现的？技术起源于最初的人类开始学习操纵他们周围的世界之时。它的历史和人类本身一样久远。当我们的祖先发现了如何将一块石头固定在一根木棍上制成一把石斧或一支长矛时（见图1-9），一项技术的发展便开始了。学习如何通过栽培和收获庄稼来开发一块土地也是一种技术的发展。缘于计算机和网络的发展，技术发展的速度呈指数增加。这意味着技术在以越来越快的速度发展。

技术是好还是坏？技术本身并无好坏。只有人类对技术的使用可以产生正面或负面的结果。例如，当人们发明了汽车，大家认为这是

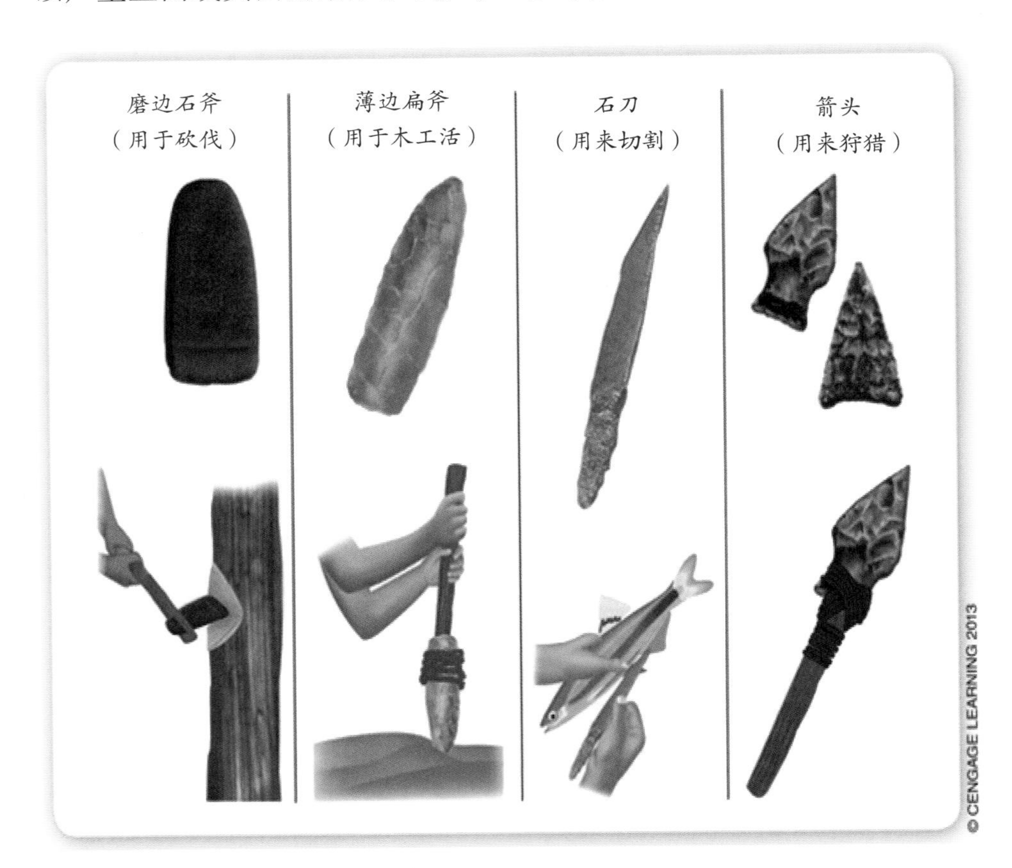

图1-9　早期人类使用过的史前工具。

指数速度

术语“指数速度的变化”常被简单地用来表示变化的速度很快。在数学的含义中，指数速度具有确切的含义。它表示某种东西在以一种等比数列增长。数列2，4，8，16，32，64就是指数增长的一个例子。

一件好事。比起自行车或者马，汽车让人们周游整个国家更加容易。发明汽车的人并没有预料到如此多的人开车造成的空气污染和死于车祸的庞大人数。

技术的发展有四种可能的出路。第一，倾向于积极的应用或结果；第二，依然是积极的应用，但不是最初发明者的目的；第三，发明者已预期到的负面结果；最后，没有预料到的负面影响。这些后果会影响到个人、社会或是环境。技术的发展也时常伴随着伦理道德问题（见图1–10）。

发明

发明是指创造从来没有制造过的东西的过程。一项发明可以是很简单的，比如圆珠笔。也可以是较复杂的，比如一台计算机。发明可以对社会产生很大的影响。

发明（invention）
通过研究和实验来创造一个从来没有存在过的新的产品、系统或流程。

例如，1947年，晶体管的发明永远地改变了世界。它的发明打开了固态电路和数字电子元件的大门。我们现在使用的每一种主流电子设备都有可能由晶体管制成（了解更多有关晶体管的信息，请看《工程学入门（下）》第16章内容）。另一个常见的例子是托马斯·爱迪生（Thomas Edison）发明的留声机。在爱迪生之前，没有任何声音曾被记录下来。

奥维尔·莱特（Orville Wright）和威尔伯·莱特（Wilbur Wright）发明了第一架动力飞机（见图1–11）。尽管同时也有其他人在研究滑翔机，莱特（Wright）兄弟是第一个驾驶动力飞机的人。他们于1903年12月17日完成了那次著名的飞行。想一想在他们的那次历史性的飞行后的一百年里，该项发明所产生的商业价值吧！

1965年，詹姆斯·罗素（James Russell）发明了激光唱片（CD），他曾获得了CD播放和录音系统的各个环节的22个专利。但是直到20世

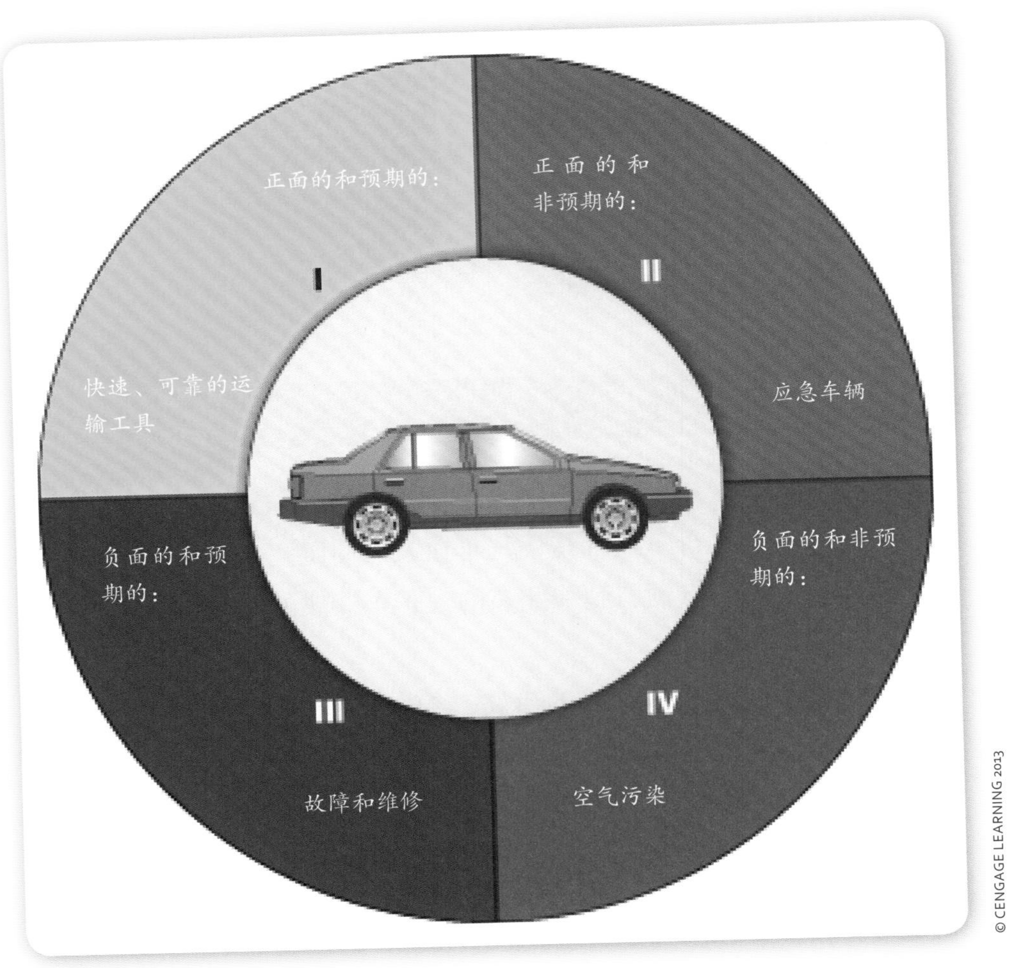

图1-10 技术可以产生正面和负面的结果。汽车有哪些正面和负面的影响？

图1-11 莱特兄弟的第一架动力飞行器。

图1-12 从爱迪生早期的留声机到今天的CD，录音技术经过了一段很长的路。

纪80年代早期，飞利浦公司将这项发明投入市场，CD才开始普及起来（见图1-12）。发明通常只有在公司以消费品的形式进行出售后，才会变得流行。

许多书、视频和网站都与发明有关。每一个国家和社会都有发明家。在上个世纪出现的发明比过去的1 000年都要多。一些发明是非常惊人的，例如原子能或太空旅行，当然也有一些发明是日常的，例如回形针和真空吸尘器。尽管回形针和真空吸尘器看起来没太空旅行那么让人振奋，但是它们依然对我们的日常生活产生了巨大的影响。

专利 **专利** 是由美国专利局和商标办公室分配给发明者独特数字代码，用以保护发明者的想法。专利的目的是防止他人窃取发明者的想法来谋利。一个专利的申请必须包含该物体的草图及其工作方式的描述。

在美国，第一个获得专利的女性是玛丽·凯斯（Mary Kies），时间是1809年5月15日。凯斯发明了一种用丝绸和线编织帽子的方法。现在，每年都有成千上万名女性获得专利，著名的非裔美国发明家大卫·克罗思韦特（David Crosthwait）拥有39项美国专利和80项和制暖系统、冷藏和真空泵有关的国际专利。他以设计纽约市的无线电城音乐厅和洛克菲勒中心而闻名于世。

专利（patent）
美国联邦政府和发明者之间的契约，使发明者拥有制造、使用和出售产品的独特权利，期限为17年。（译者注：《中华人民共和国专利法》第四十二条规定：发明专利权的期限为20年，实用新型专利权和外观设计专利权的期限为10年，均自申请日起计算。）

创新（innovation）
创新是对已有的产品、流程或系统的改进。

创新

创新 是对已有的产品、流程或系统的改进。创新比发明要常见得多。许多公司都是通过对已有的产品进行创新取得了成功。一个简单的例子就是自行车。18速自行车只是3速自行车的改进。因此，这是一种创新。而赛格威（译者注：Segway，一种电动代步工具）这样的个人

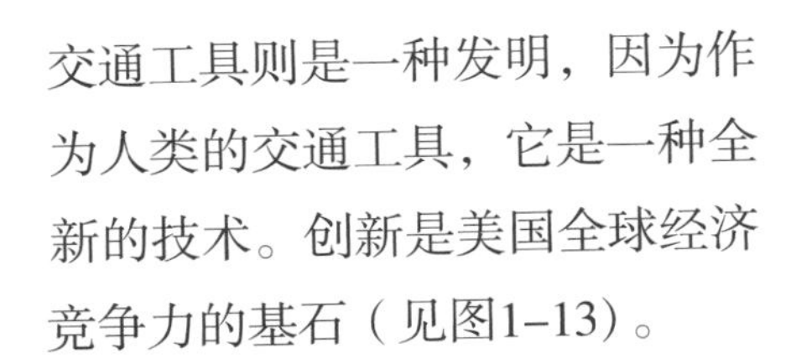

交通工具则是一种发明，因为作为人类的交通工具，它是一种全新的技术。创新是美国全球经济竞争力的基石（见图1–13）。

©ISTOCKPHOTO/JUSTIN HORROCKS

图1–13　赛格威为单人的出行方式带来了一场革命。

你可能认为激光唱片只是留声机的一个改进。如果事实是这样的话，那么激光唱片就是一项创新而非发明。但激光唱片是一项发明而非创新，因为它是用一种全新的形式记录声音的。尽管这两种设备都可以回放记录的音乐，但是它们是两种完全不同的技术流程。因此它们都被认为是发明。

为什么要学习工程与技术？

工程和技术都以或好或坏的方式深刻地改变了世界。工程使我们可以将一个人送到月球。我们能够探索海洋的深处，可以不需要手术就看到我们身体的内部。从你的日常生活和出行方式到你听音乐和与朋友交流的方式，工程影响着你的生活的各个方面（见图1–14）！你能想象如果没有工程师们，你的生活会是什么样吗？

想一想一天中你做的所有事情和使用的所有东西。是不是闹钟叫你起床的？电从哪儿来，又是如何进入你的闹钟里的呢？你在家里是不是使用热的自来水来淋浴呢？这水是如何到达你家里的？这水又是如何在你家里流通，如何加热的呢？你不用厨具做饭，用餐具吃饭吗？你有没有使用微波炉？那些容易腐坏的食物是否储存在冰箱里？你是否坐在桌子旁边的椅子上？你通过制暖和制冷可以使你的房间保持舒适吗？你的房子是否保护你免受恶劣天气的侵扰？

大部分人把这些东西当做是理所应当的。但实际上它们都是由工程师和工程技术人员设计和制造的。如果没有这些设计和生产我们需要的产品的专业人士，我们的生活会是非常痛苦的！学习工程与技术将会为你将来从事为别人设计更加美好生活的职业做好准备。

另外，在美国我们所习惯的生活方式是通过发明和创新所促成的经济持续稳定发展而带来的结果。设计和生产产品在很大程度上是我们当今世界的经济发展推动力。

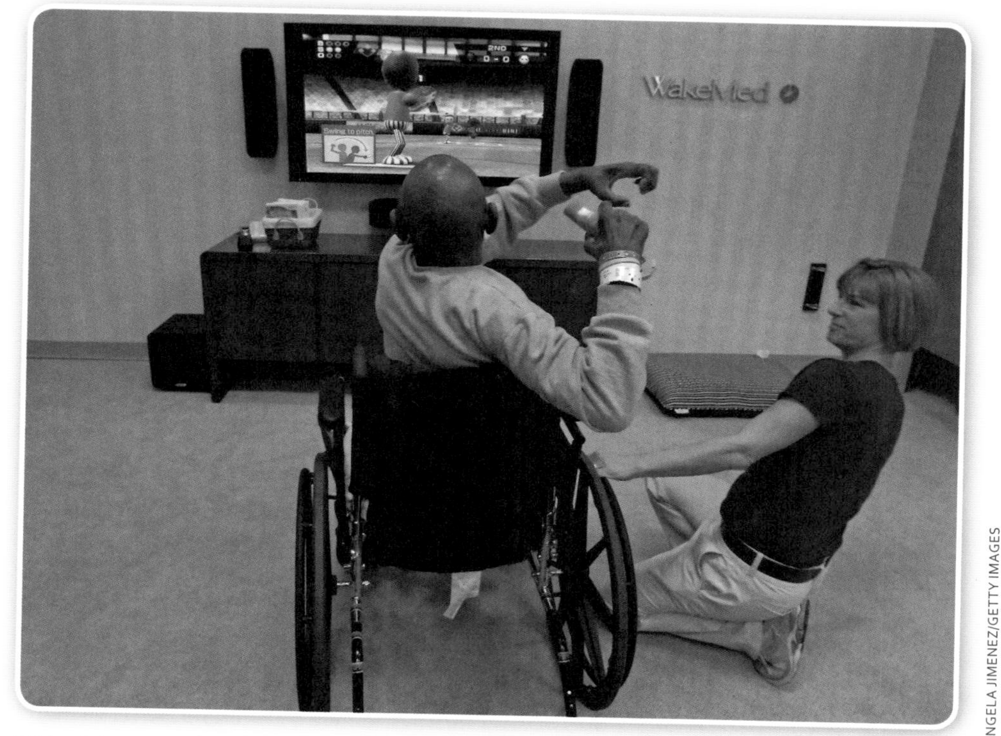

ANGELA JIMENEZ/GETTY IMAGES

图1–14　工程师们的发明和创新影响着我们的日常生活。不断迭代的电子游戏推动了娱乐业的发展。与此同时，许多疗养院和康复中心会使用有体感功能的电视游戏机给病人提供物理治疗。

第二节：技术革命

自古技术便定义了社会和文明。我们通过技术来描述不同的历史时期。比如，我们说石器时代，是因为早期的人类只会用石头、骨头和木棒制造工具和武器。在青铜器时代，人们已经学会了如何熔化铜并将其注入模具中，以及其他的塑形方式。在被称为铁器时代的时期，人类发现了如何将铁铸成工具、武器和其他产品。正如名字所暗示的，工业时代是工业和制造业迅速发展的一个时期。信息时代是我们今天所生活的时期。它之所以被称为信息时代，是因为信息已经变得比生产的产品更有价值。

社会的需求和欲望

人们发展技术以满足自己的需求和欲望。需求是指想要维持生活所必需的东西，而欲望是指想要那些好的、使我们生活更加享受的东西。这些需求和欲望都超越了基本的生存条件，并在不同的社会之间稍有不同。一个社会的文化价值观也决定了技术发展的类型，以及这些技术的运用方式（见图1–15）。

图1-15 这些娱乐技术是人们的需求和欲望的结果吗?

一个地区所能获得的天然原材料也影响着技术的发展。想一想世界各地人们居住的许多种不同类型的房屋就知道了。过去人们利用茅草、泥土、木头甚至是冰块来建造房屋，这取决于他们能获得哪种原材料。房屋的设计和建造是一个利用人们获得的天然原材料来满足其需求和欲望的过程。

技术与社会

技术是现今各种文化的一部分，在人类历史上，它已成为各种文明的一部分。然而，不同的文化和文明的技术的发展很不相同。几千年前，人们建造惊人的建筑来膜拜他们的神灵。在现代，我们利用技术来提高人们的生活水平。这种提高表现在许多不同的方面，从医药的发展到家庭中个人电器的使用。

古埃及文明　许多古老的社会都为工程学领域的发展作出重要的贡献。埃及的法老们命令他们的工程师、工匠和奴隶们为神明设计和建造巨大的纪念碑。你可能熟悉埃及的金字塔，它们以七大古代世界奇迹之一而闻名。在这个例子中，埃及人的需求实际上是用来膜拜他们的神灵和为了来生而保存其统治者遗体的宗教信仰（见图1－16）。

罗马文明 早期文明的罗马时期以其城市建筑而闻名。众所周知的例子有已存在两千多年的许多竞技场和引水渠（见图1－17和图1－18）。相比宗教，这些工程的例子与人们的生活更加相关。随着社会发展到一个比早期文明更加民主的阶段，在这个国家居民所使用的建筑结构越来越重要起来。生活在罗马的人们受益于供水的引水渠和处理人类生活垃圾的卫生系统。这个横穿整个罗马帝国的引水系统被认为是一项重要的工程。

图1-16 古埃及人出于宗教目的设计并建造了这个惊人的建筑。这一工程是由他们的文化价值观所驱动的。

文艺复兴时期 达芬奇（Leonardo da Vinci）生活于文艺复兴时期，他除了著名画家的身份外，还是一名卓越的工程师、发明家、创新者和建筑师。他设计了许多新发明。但是当时由于缺少材料或不知道如何制造，有很多在他有生之年都没有制造出来，比如直升机、旋转的桥和飞船。

图1-17 2 000年前，罗马社会开发了许多公共工程项目，比如这个引水渠。其中的一些今天依然在使用。

图1-18 这个古罗马竞技场今天依然屹立在法国阿尔勒。有些地方是不是让你想起了现在的大型体育场？

他还有一些被制造出来的发明，比如，用来测试金属丝强度的机器和用来打磨望远镜上凹透镜的机器。

另一位著名的文艺复兴时期的发明家是伽利略（Galileo），他改进了望远镜，发明了原始的温度计，这使得人类第一次可以测量温度的变化。他的很多发明都没有市场。实际上直到罗盘的发明才给他带来了商业上的成功。他的罗盘的卖价是制造成本的3倍。在那个时期，工程（设计和发明）和市场之间的联系日益紧密。因此，经济成了工程背后的驱动力。

工业革命　工业革命开始于17、18世纪的欧洲和18、19世纪的美国。许多类型的机器工具都发明于这个时期，其中一些直至今天仍在使用。得益于工业革命，人类第一次可以建造大规模的制造工厂（见图1–19）。最初的制造工厂是用水产生动力的。这意味着制造工厂不得不坐落在河边，以利用流水的能量驱动机器。

图1–19　蒸汽机的发明为工业革命做出了重要的贡献。

但是蒸汽机的发明使得动力变得可以移动。这使得工厂可以建造在几乎任何地方。蒸汽机不久便应用在了货车上，这导致了铁路的出现。

工业革命的另一个重要发展是在规模生产中实现了零件的标准化（使得零件可以相互替换）。在这之前，每一个工匠各自制造各自的零件。你在五金店买不到可以替换的零件，因为根本不存在标准化的替换零件！可替换零件是工程发展的一次重要进步，对我们现在的高质量的生活有着重要贡献。

当今社会 在过去的一个世纪里，现代社会见证了一次新发明和创新的大爆炸。发明和创新成为我们现代经济的核心。这些发明已经被商业化，成为我们生活中理所当然的一部分（见图1–20）。这些发明和创新不仅仅是为我们提供了便利和娱乐。它们还推动了世界经济的迅速发展，提供了我们现已熟悉了的生活方式。

许多人认为计算机是20世纪最重要的发明。某些类型的计算机芯片出现在我们现在使用的几乎所有的电子设备中，影响着我们生活的方方面面。但实际上更可能的是，上个世纪世界上最重要的发明是电气化。如果没有各个地方稳定的供电，我们就不可能有计算机和互联网、冰箱、卫生设施，以及重要的拯救生命的医疗设备。

图1–20　有时我们认为创新理所当然，而认识不到产品背后的工程学。

职业聚焦

姓名：

詹姆斯 · W. 福布斯
(James W. Forbes)

职位：

福特汽车公司技术领导人

© CENGAGE LEARNING 2013

工作描述：

福布斯的工作是早期产品开发，设计汽车理念。他说："我们为汽车想出的创意能够吸引到顾客。"

在福特的市场部工作时，福布斯采访顾客，了解他们喜欢开的汽车和卡车类型。然后他将顾客们的语言转换为工程学语言。例如，如果一个顾客说他想拥有一辆家用汽车，福布斯就会去计算典型家庭成员的身高和体重。这些信息将会影响发动机的尺寸、轮胎的尺寸和内部空间的大小。

有时，福布斯向顾客们询问与汽车没什么直接关系的问题，例如，他们喜欢的服装设计师是谁。这为他设计汽车的内部提供了线索。

教育背景：

福布斯在伍斯特理工学院获得了机械工程专业的学士和硕士学位。他还有专业工程许可证，这也是他建议所有的年轻工程师要有的。要得到这个许可证，工程师必须通过国家测试，并有在职工作经验的证明。一旦通过了，他们就有资格为州、联邦或当地政府的公共工程项目工作，比如修建高速公路和桥梁，或是做一名顾问。

给同学们的建议：

福布斯想要学生明白学校里的工程学和工作中的是不同的。在学校，只需个人的努力，学生必须找到知识的关键点。然而，在工作中，这更像是一个团队运动。在福特，每一个项目都有成百上千的员工共同完成。他强调，工程将会提供许多机会进行相互合作。

福布斯强烈建议学生们去上设有基于实际项目课程的大学。他所上的大学就采取了这种方法，这为他以后的工作做好了准备。福特公司对他的关于高级测量技术的硕士毕业论文印象深刻，所以他一毕业福特公司便雇用了他。

福布斯认为现在很多雇主都有海外生意，因此语言课程变得尤其重要。他说："现今，工程学已是一个完全全球化的事业，每一天我们都和欧洲、南美和亚洲进行工作上的联系。"

第三节：工程事业和技术教育

工程有许多不同的职业方向，它们都是运用数学和科学，通过创造性的设计来解决现实世界的问题。为学生提供在工程和技术方面的职业准备的教学计划在绝大多数高中、学院和大学都可以实现。

工程与技术的职业

工程师是为技术问题设计解决方案的人。他们既可以为政府部门工作，也可以受雇于民营企业。工程是一项令人振奋的、有许多不同职业交叉的多领域工作。它也是一个极富成就感的行业，因为你知道你在努力为人类创造一个更加美好的世界。

航空航天工程师（aerospace engineer）
航空工程师设计可以飞行的机器。

航空航天工程 **航空航天工程师** 设计可以飞行的机器。这些机器小到超轻型滑翔机，大到像国际空间站（见图1-21）。航空航天工程师设计和开发飞机、宇宙飞船和导弹。他们可能擅长某一特定类型的飞行器，如直升机、商用喷气式客机、军用战斗机或空间运输工

COURTESY OF NASA

图1-21 国际空间站是一个包括不同国家的航天工程师团队合作的非常复杂的工程项目。

土木工程师（civil engineer）

土木工程师设计和监督公共工程项目的建设（比如高速公路、桥梁、卫生设施和供水处理厂）。

电子工程师 (electrical engineer)

电子工程师设计电子系统和电子产品。

环境工程师 (environmental engineer)

环境工程师设计保护和维持环境的方案。

具。航空航天工程师分为两种：航空学的和航天学的。航空学工程师致力于航空飞行器，而航天工程师专门开发太空飞行器。

土木工程　我们现代世界有许多壮观的建筑和桥梁，这里面就有土木工程师的功劳。**土木工程师** 直接影响了我们的生活质量。土木工程师为我们解决各种各样的问题。他们设计高速公路和桥梁（见图1–22）。他们规划社区，他们甚至规划如何存储饮用水和如何通过一个庞大的管道网络将其输送到我们的家里。

电子工程　**电子工程师** 设计和开发电子系统和电子产品。电子系统包含范围广泛，涵盖了从全球定位系统（GPS）技术到发电厂的诸多领域。电子工程师设计的一些产品已成为了我们日常生活的一部分，例如电视机和MP3播放器。还有一些虽然你每天都会接触到，却并不能直接看到，例如电视广播系统或制冷制暖系统上的电子恒温器。许多电子工程师也设计与健康护理和计算机技术相关的产品和系统。

环境工程　你可能猜到了，**环境工程师** 解决与环境相关的问题。正是这个原因，他们还需要有深厚的生物学和化学功底。保护并保持

图1–22　土木工程师设计的大桥。

我们的环境、控制空气和水污染、水处理，以及公共健康问题都属于环境工程师职责范围。例如：市政府的废物处理工厂对公众健康就很关键。环境工程师必须真正地进行全球性思考并脚踏实地地做事！

工业工程 产品一旦被设计出来，就要去制造厂进行生产。工业工程师设计了最有效的生产方式。现今，制造业是一个具有全球竞争性的产业。为了提高生产率，工业工程师观察人与机器之间的相互配合。他们尽力确保人们能以最有效的方式对材料进行加工。工业工程师也需回答像这样的问题："投资几百万美元购买新的自动设备是否值得？"

机械工程 机械工程是涉及工程范围最广泛的领域之一。**机械工程师**处理涉及能量、材料、工具和机器等方面的各种问题。他们设计的产品种类繁多，从简单的玩具到大而复杂的机器。他们设计分别在液体、固体和气体中工作的产品和机器。此外，机械工程师还会设计内燃机、升降机、自动扶梯、空调和冰箱等。

机械工程师（mechanical engineer）

机械工程师设计的产品从简单的玩具到大而复杂的机器。

工程技术 工程技术员做与工程密切相关的工作，但相比于理论性强的工程师的工作，他们的工作通常更加实际。因为工程技术人员对机器和生产流程的细节更加了解，因此，为了完成一项任务，他们经常与工程师和科学家一起寻找最佳的方法。他们可以工作的领域非常广泛，从建筑业到制造业都很对口。在制造业中，工程技术人员们可能会负责的工作有设计、生产、测试、保养和质量控制等。

高中课程

高中阶段，学校通常会开设一些课程，这些课程将会为学生以后从事工程和技术领域的工作做准备。即使你不知道高中毕业后将会学习工程学的哪个领域，或是你是否会进入社区学院（两年制）或大学(四年制)，在高中阶段修一些这样的课程将会为你未来的发展打下一个坚实的基础。

尤其是你应该通过思考，将这些课程与应用了技术和工程原理的数学课程及科学课程融会贯通。

这些高中课程中较深入探索的课题有：工程原理与设计、制图、数字电子计算机集成制造、航空航天技术、土木工程及建筑等。这些课程有时会在实验室进行，这会帮你从科学、技术、工程和数学（STEM）四个方面掌握知识与技巧。在高中阶段学习这样的课程会帮助你确认自己以后是否适合从事工程与技术方面的工作（见图1–23）。

图1-23　手工课是众多工程与技术课程中重要的一部分。在这个课程上，你遇到的问题和所做的项目都将帮助你理解工程学的观念是如何运用到你的日常生活中的。

大学规划

现在你可以开始考虑你的职业规划了。预约拜访一下你们学校的就业老师，一定要记得告诉对方你想更多地了解关于工程与技术方面的就业情况。当你决定从事工程或工程技术这类职业时，即便没有几千所，也会有几百所大学和学院供你选择。

两年制学院　与工程和技术相关的专业里，两年制学院通常会颁发应用科学相应学位（AAS）。有些学院的课程规划是与大学的工程专业衔接的。这意味着在你拿到社区学院的文凭之后，你可以很容易

- 航空航天工程
- 工业工程
- 农业工程
- 制造业工程
- 建筑工程
- 材料科学与工程
- 生物工程
- 机械工程
- 化学工程
- 矿业工程
- 土木工程
- 核工程
- 计算机工程
- 石油工程
- 电气和电子工程
- 软件工程
- 环境工程

图1-24　工程学士学位。

地转到相应的大学继续学习。通常来说，工程技术学位和工程学学士学位是类似的，学生工作后会有相似的头衔和工作环境。

四年制大学 四年制大学提供工程学和工程技术学两种学士学位。实际上，工程学学士学位比工程技术学学士学位更加理论化（见图1-24）。通常，工程师更关注设计解决方案，而工程技术人员则更多的是根据工程师的设计方案来生产成品。这两种工作密切合作来为人们和社会提供解决问题的方法。

在选择工程学作为职业并有针对性地计划你的高中课程的事情上，你除了咨询你们学校的就业老师外，还应该和你的父母谈谈并咨询职业规划发展。现在是时候开始思考工程学或工程技术学方面的令人振奋和有成就感的事业了。

工程学挑战

职业搜索

调查本章中列出的一个工程学领域。

写一份报告，报告中需要回答下列问题，并附上关于这个职业领域你所了解的有趣的事情。

1. 你调查的是哪个工程领域（或哪种工程技术人员）?
2. 列出你在这项活动中所用到的信息源。
3. 给出你所调查的这个人至少四项工作内容。
4. 你做调查的地点是什么样的物理环境？比如，是在制造厂、办公桌前，还是在一个施工现场的外面?
5. 你是以个人还是小组的形式展开调查的?
6. 在交际、数学、科学、技术知识和工具使用技巧几个方面，你认为需要达到什么样的具体技能或教育水平?
7. 该调查领域需要什么样的教育水平（比如：高中、社区大学或者大学)?
8. 对你所调查领域的一个普通员工来说，时薪和年薪分别是多少?
9. 这个领域的就业前景怎么样？在未来的五到十年内，这个领域还会需要多少相关人才?
10. 哪种公司会雇用这种类型的工程师?

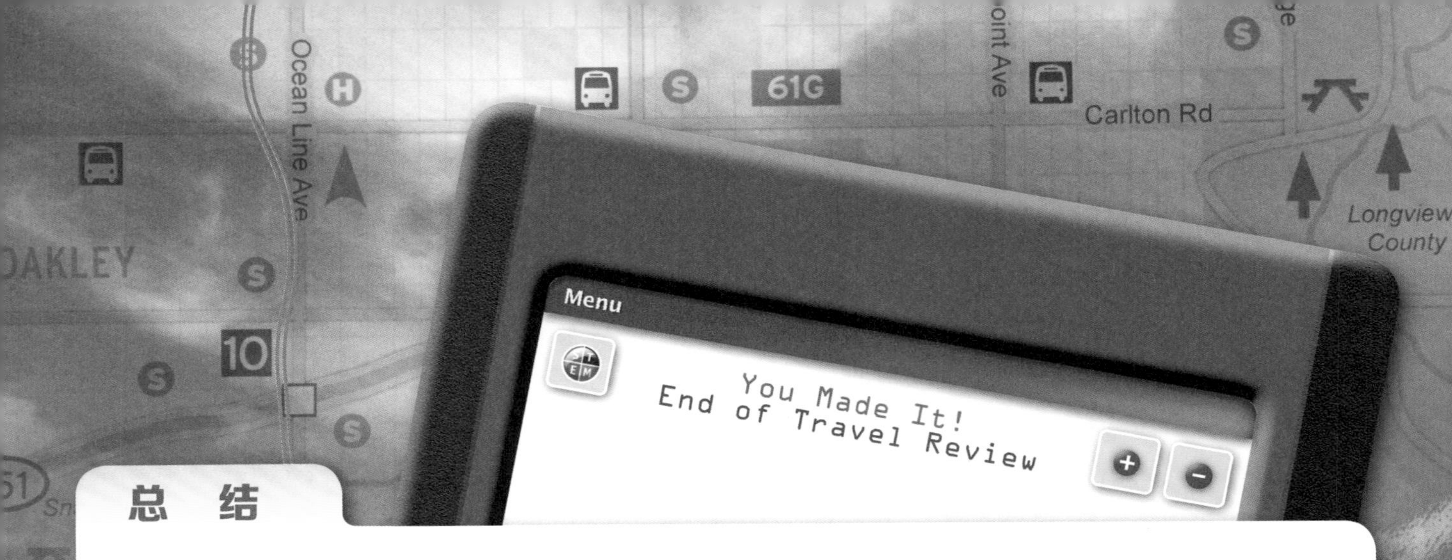

总　结

在本章中你学到了

- 工程师是设计产品、结构或系统的人。
- 工程学指设计技术问题的解决方案，从而改善人们的生活质量的进程。
- 科学是对自然界和决定自然界的规律的研究，而技术是人们开发新的产品以满足自己需求和欲望的方式。
- 技术的应用可能出于好的目的，也可能出于坏的目的，并产生一些能预料到和不能预料到的后果。
- 发明是一个开发全新解决方案的过程。
- 创新是一个在已有方案基础上进行改进的过程。
- 工程师和发明对经济增长起了关键性作用。
- 工程学专业对我们国家的经济竞争力和我们生活质量来说非常重要。
- 工程学的职业有很多不同的类型。

词　汇

用你自己的话给下列词语下定义，并把你自己的答案和本章给出的定义进行对比。

工程师
发明
土工工程师
工程学
专利
电气工程师
工程技术人员
创新
环境工程师
技术
航空工程师
机械工程师

知识拓展

请仔细思考，并写出下列问题的答案。

1. 准备一个课堂报告，说明你认为在过去一百年里最重要的发明或是创新是什么，并通过描述这个发明或创新直接导致的一些结果来解释原因。它是如何影响人类或环境的？
2. 比较科学与技术，找出它们之间的差别。
3. 技术是如何影响我们的社会的？请从积极和消极两个方面进行描述。
4. 技术是如何影响我们的环境的？请从积极和消极两个方面进行描述。
5. 发明和创新最大的不同是什么？
6. 形成专利的目的是什么？专利对我们的社会是重要的，这是为什么呢？

继续进入下一章

第2章 技术资源和系统

菜单

头脑准备

在学习本章的概念时，请思考下面的问题：

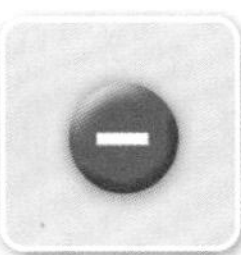

工程与技术都需要哪些资源？

什么是技术系统？

什么是闭环系统？

工程与和技术是如何影响环境的？

工程与技术是如何塑造社会的？

社会是如何影响工程与技术的发展的？

图2-1 亨利·福特设计了更好的制造汽车的方法。

应用中的工程学

制造汽车有更好的方法。

亨利·福特（Henry Ford）喜欢修补和做试验，善于解决问题。与一些人认为的相反，福特并没有发明汽车或规模化生产。但他确实开发了一套新的、革命性的方法来规模化生产汽车（见图2-1）。用他改进后的方法，汽车各个部分的零件可以通过装配流水线送到工人那里。当时在其他的工厂中，零件固定在一个地方，而工人需要不停地走动。福特的生产技术包含了一个复杂而精巧的输送系统。这也使得工人可以专注于进行某一项固定的操作。

T型汽车的全面生产让福特一举成名，但是T型汽车并不是他在规模化生产汽车上的第一次尝试。实际上，在之前还有A型、B型和C型等。在工业生产过程中，坚持不懈和解决问题是十分重要的。

第一节：技术资源

你在前一章中已经了解到，工程师设计产品、结构或是系统。他们运用数学和科学的原理来解决问题。资源是指有价值、可以满足人类的需求和欲望的东西。工程和技术领域要用到下面7个关键资源：

（a）人力

（b）能源

（c）资金

（d）信息

（e）工具和机器

（f）材料

（g）时间

技术资源（technological resources）

技术资源是指有价值、可以用来满足人类的需求和欲望的东西。

这些**技术资源**构成了工程与技术的支柱。你认为它们中的哪一个最重要呢？重新思考一下第1章的内容。我们把技术定义为一种人类活动。很久很久以前人们就开始“使用”技术。和人类的祖先一样，当今的工程学过程依然依赖于这7种资源（见图2–2）。

图2–2　7种技术资源。（a）人力（b）能源（c）资金（d）信息（e）工具和机器（f）材料（g）时间。

工程学中的数学

S T E M

数学在工程学中起着关键作用。我们通过数学对每一种技术资源进行开发、测量、评估或者调配。

技术资源1：人力

人力涉及技术的各个方面。你想一下就会发现，工程学确实是一种解决问题的形式。而人类自然是问题的解决者。如果没有我们人类，就不可能有工程或技术。所以人力是最重要的技术资源（见图2–3）。

人类是富有创造性的。实际上，国际技术与工程教育家协会（ITEEA）定义技术为“人类实践中的独创性”。独创性是人类解决问题的一种天生的本领。这也是工程学发展的驱动力。

人类也有很多技术技巧。他们把这些技巧运用到了产品生产的各个方面。有些时候产品可能是移动电话或MP3播放器这样的东西。有些时候产品也可能是一个电子信号或帮助打开网页程序的代码。

图2–3　在工程与技术中，人力是最重要的资源。

你知道吗？

亨利·福特并没发明汽车！福特通过发明一套更好的制造汽车的方法而发了家（见图2-4），并成为了世界上最富有的人之一。福特基本上是通过提高生产效率来降低成本。多亏了亨利·福特，才有越来越多的人买得起汽车。

图2-4　尽管亨利·福特没有发明汽车，但他开发了一套更有效的制造汽车的方法。

技术资源2：能源

能源（energy）
就是做功的能力。

功（work）
工程师用以描述将某个物体移动一定的距离需要多大的力。

简单地来说，**能源**就是做功的能力。在这里，**功**并不是一种工作或你所去的某个地方，而是工程师用以描述将某个物体移动一定的距离需要多大的力。能量使我们能够移动物体。你慢跑的时候或者玩滑板时，你就在做功。你的身体做功是需要能量的。汽车载我们从一个地方到另一个地方的时候也是要消耗能量的。能量也可以提供光、热和声音（见图2-5）。例如，在一个大型的音乐厅或者工厂中，你就可以同时体会到这三种能量形式——光、热和声音。我们将在第9章中讨论能量。

技术资源3：资金

资金描述的是金钱、股票、财产和房产等财政资产。拥有了资金，工厂才能够购买生产产品所需要的技术资源或创造一项新技术。这些资源包括具有一定的技能或专业知识的人。大型公司的企业家可以利用投资资金开始新的生意。投资资金已变得越来越重要。

图2-5　鹦鹉在做功。

如今，许多产品的开发需要投入几百万美元。制造过程包括购买原材料、生产产品和支付所有参与生产产品人员的工资。制造业也包括市场开发、广告投入，以及产品包装和运输到市场。尽管这些过程需要大量的资金，依然有人在车库或地下室设计了很多现代的发明。你考虑过发明一些新东西吗？

技术资源4：信息

信息已经变得越来越重要，知其所以然一直都在制造业中起关键性的作用。正如第1章所提到的，知识正在以指数形式增加，新材料也在很大程度上影响着发明和创新的成功率。工程师们必须时刻了解最新的可用材料及它们的特性。

你知道吗？

功是个好东西。在工程学中，功是我们对移动物体的力的量度。工程师们设计机器来做功，因此我们就不用做功了！

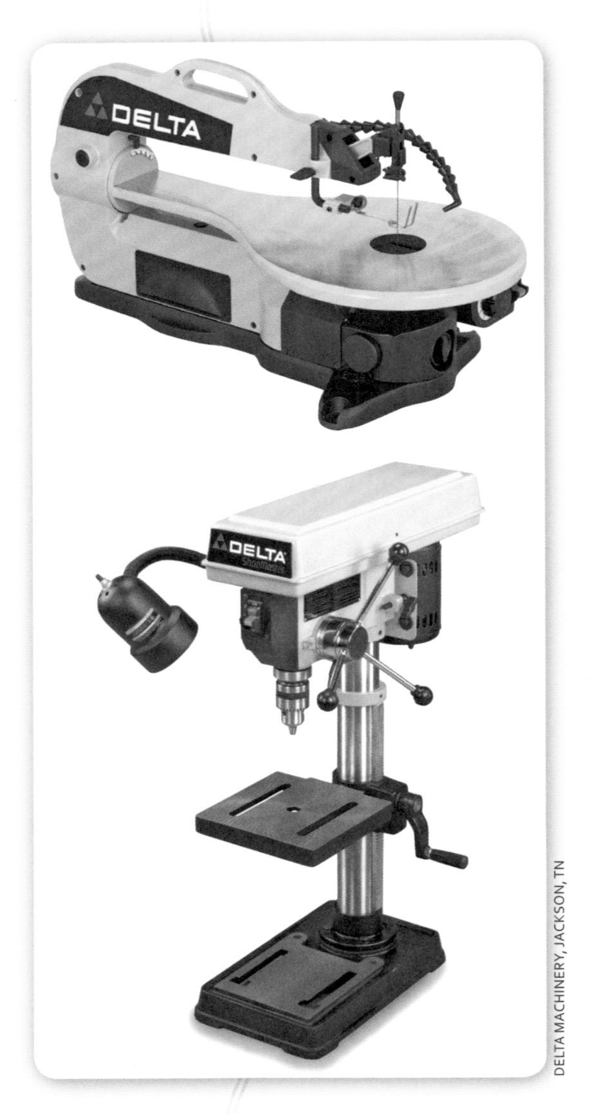

图2-6 工具和机器对于材料的塑形有着重要作用。

信息在工程学领域是非常重要的。有些人是研究专利或版权的专家。一个公司不会把金钱和时间投入到一个已被别的公司注册过专利的产品上。工程师们也需要关注市场需求和顾客喜好这些信息。另一方面他们还必须了解材料和其他资源的最新供求信息。对最新信息的需求在研究工程学诸多领域都是一种走捷径。因此，信息是关键资源之一。

技术资源5：工具和机器

工具和机器是人类历史上具有决定性的一部分。自人类诞生之日起，工具和机器的发展就界定了每一个社会。工具远不止是锤子和锯这类东西，缝纫机、犁、拖拉机、联合收割机，以及食品加工机也都是工具——当然卷尺、直尺、剪刀、圆珠笔、计算机和计算机辅助设计（CAD）软件等也是。工具和机器常用来加工材料，是工程师和工程技术人员的重要资源（见图2-6）。

18世纪末期出现了一次新机器和工具的爆炸性发展。蒸汽机促进了工业革命的开始。这个发明具有重大意义，因为这是人类有史以来第一次拥有轻便能源。在蒸汽机出现之前，人们不得不使用骡子和牛等动物，或是将工厂建在河流小溪旁边，利用水流的落差来驱动机器。由于蒸汽机的发明，我们几乎可以把大型工厂建在任何地方。新的产业开始崭露头角。工业的发展诞生了一些新的城市，并为人们提供了新类型的工作。

技术资源6：材料

工程师必须对他们的设计中所使用的材料的性质和特性有深刻的了解。比如，为什么厨具和餐具不用铅来制造？我们可以把材料分为天然材料和人造材料两类。天然材料是指其在天然状态就可以被利用的材料，如木材。我们通过改变原材料的性态来制造人造材料。由石油加工而成的塑料就是一个常见的例子。

工程学挑战

指数型增长速率

你会选择下列两种补贴方式中的哪一个呢？第一种补贴方式：开始时给1美分，之后每一天都翻一倍。第二种补贴方式：开始时给1美元，之后每天增加1美元。

如下表所示，随着时间的增加，这两种补贴方式之间的差距是巨大的。尽管两种补贴方式的补贴在第一天相差100倍，1美分补贴的指数增长速率使它在11天后就超过了1美元补贴!

	天											
	1	2	3	4	5	6	7	8	9	10	11	12
选择1（$）	0.01	0.02	0.04	0.08	0.16	0.32	0.64	1.28	2.56	5.12	10.24	20.48
选择2（$）	1	2	3	4	5	6	7	8	9	10	11	12

如果你继续填写这份表格直至一个月，按一个月30天来计，第30天你的补贴会是多少？解释一下指数型速率在技术中的应用。

当今有许多种类型的材料可供工程师选择。好的设计必须考虑很多因素，包括材料的特性（如强度与重量）和质地、塑形和组装材料所需要的加工方式，以及它所能接受的抛光方式。工程学需要关于材料性能的科学知识（图2–7）。

你知道吗？

如今，人们正在发明制造机器的新方法。比如纳米技术就需要制造极其小的机器——小于人类头发直径的1/1 000。现在科学家和工程师正在开发一种可以植入你的血液循环系统中来修复你的心脏或其他器官的受损细胞的微型智能机器人。不过你能想象如果不小心把这种机器人掉到了地板上，你去寻找它的场景吗？

工程学中的科学

工程师和科学家研究材料的分子结构以了解它们的特性。我们称这一研究领域为材料科学。定义材料的一种方式是描述它的特性。例如，这个材料是软的还是硬的？它是重的还是轻的？是刚性的还是柔韧的？材料中分子的排列方式在一定程度上决定了它的属性和特点。对工程师来说，研究材料化学和材料的分子结构是非常重要的。

技术资源7：时间

我们所从事的每一项活动都需要时间。如果你是一个游戏玩家，并想购买一款新的游戏，那么你就有可能先花时间去研究这款游戏的特点。你可能会在网上阅读相关的杂志或文章，或是花上一些时间去商店或朋友家里亲自试玩。不管是哪种方式，购买之前你都需要花时间进行研究和计划。在工程设计和技术中也是这样的。从设计到建造的整个流程中的每一个步骤，时间都是一个十分重要的因素。你认为为什么视频游戏的光盘和包装成本不到1美元，而卖出的价格却很贵？

图2-7　我们可以把材料分为天然材料和合成材料。木材是一种天然的材料，而汽车内部的材料是合成的。

工程学中的科学

合金是两种材料的合成物。因为合金具有特殊的性质，所以，对工程师来说，它们是最有用的金属。例如，你可能注意到了铁会生锈。但是如果你向铁中加入镍（至少10%），它将变成不会生锈的不锈钢。铁是一种硬度非常低的金属；不锈钢比它要坚硬得多。因此，向铁中添加镍不仅可以避免生锈，还能提高金属的硬度。工程师正是利用一种材料的特性来改变另一种特性。

在工程学中，时间是一个关键资源。你可能听说过这样的说法“时间就是金钱”。这个观念在工程学和生产业中非常地正确。设计产品、开发生产流程、培训员工、制造产品和运输产品都需要时间。

在电脑上开始设计之前，工程师都要花时间进行研究、观察和绘制可能的解决方案的草图。这些装置和结构都有哪些要求？谁会成为产品的消费者？消费者的需求是什么？都有哪些材料是可用的？材料如何影响产品的设计和功能？不同的材料又如何影响生产流程？

第二节：技术系统

系统 是指有组织地组合在一起相互合作，共同完成一项任务的一组零件。系统是技术中的重要部分。工程师尽可能将系统设计得高效。所有的系统都包括一个输入端、一个过程和一个输出端。**子系统** 是作为另一个系统中的一部分运行的系统（图2–8）。当一个系统的某些零件丢失或者不能正常运行，那么整个系统都可能达不到预期的功能。一些技术系统是以在自然界中发现的系统为蓝本制造的。

系统（system）
是指有组织地组合在一起相互合作共同完成一项任务的一套或一组零件。

子系统（subsystem）
是作为另一个系统中的一部分运行的系统。

大自然中有许多种系统，你的身体就是其中之一。你的循环系统使血液可以流遍你的全身。你的呼吸系统能够从空气中提取氧气。你的消化系统加工食物中的营养。在每一个系统中都有一个输入信号器、一些加工功能和一个输出信号器，经常还有一个反馈信息以让你的身体知道整个过程是否正常地完成。你身体里的一些系统是自动运行的，你甚至对它们一无所知。社会中也有着许多的系统，比如政府系统、法律系统和教育系统。

在技术领域，我们常常提到交互系统，生产系统，以及运输系统。每一个系统又可以划分为更小的系统。例如，我们可以把运输系

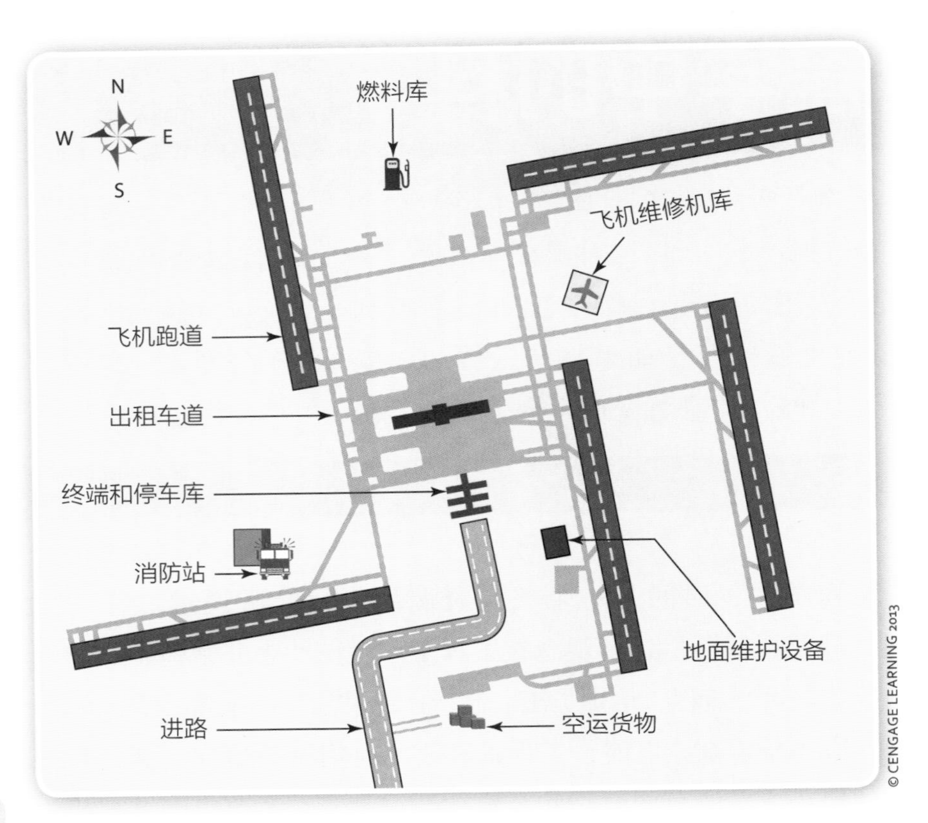

图2-8　机场就是一个庞大的包含许多子系统的系统。

统划分成陆运、海运、空运和空间运输系统。就像你身体里的系统一样，这些系统被设计得以尽可能高的效率完成任务。每一个系统都包括一个输入端、过程、一个输出端，有时还有一个反馈环。

开环系统(open-loop system)

开环系统是一种最简单的系统类型，它需要人为地对其进行控制。

闭环系统（closed-loop system）

闭环系统包含一个自动反馈环来对整个系统进行控制。

开环系统和闭环系统

系统有两种类型：开环系统和闭环系统。**开环系统**是一种最简单的系统类型。开环系统没有自动控制过程。开环系统还是一种需要人为控制的系统。你家中的照明线路就是一个例子。当你按下开关时，灯就会亮，并一直持续到你关闭开关。

闭环系统增加了一个自动反馈环（图2-9）。反馈环的目的是调控整个系统。在你的家里，制冷制暖系统上的恒温器就是一个反馈环，当房间达到了一定的温度，它就会开启制冷或制热功能。

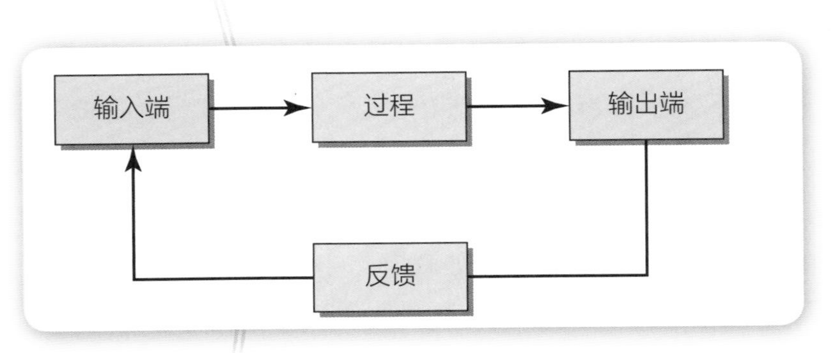

图2-9　一个闭环系统包括一个输入端、过程、一个输出端和一个调控系统运行的反馈环。

一旦这个温度设定好了，系统就可以完全自动运行而不需要人的干预了。

你们学校有安装智能电灯的房间吗？你一进去，灯就会亮。这些是在系统中加入了传感器的例子。用传感器调控电灯：它们感应到运动时就会亮，一定时间内没有感应到运动时就会自动熄灭。

在食品杂货店，你是否曾将物品放在传送带上并注意它们移动到收银员旁边时传送带是如何停止运动的？这是另一个闭环系统的例子。当物品到达传送带末端时，感应器就会探测到并关闭传送带。如果没有这个反馈环，传送带就会一直运行，你买的食品也会掉到地面上。

交互系统

交互系统是一种技术系统类型。它在人与人或人与机器之间传递信息。这种信息的形式可以是文字、符号或者语音。有时我们可以把交互系统归为电子的或图像的。

然而，交流和交互系统之间是有差别的。两个人在面对面的谈话是交流（如果他们都在听对方说话的话），但是他们没有利用技术系统。如果相同的两个人通过手机谈话，那么他们是在使用交互系统进行交流（见图2–10）。

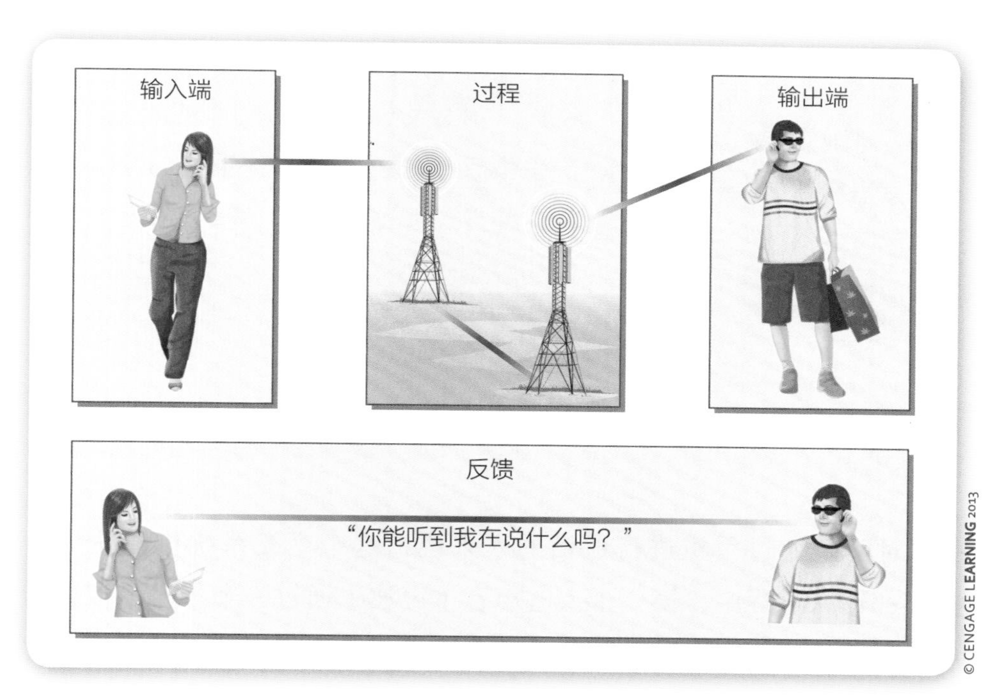

图2–10　手机通话中的交互系统。

职业聚焦

姓名:

罗拉·B. 弗里曼（Lora B. Freeman）

职位:

柏城集团结构工程师

工作描述:

弗里曼设计桥梁和大楼。她主要关注的一个问题是每一种结构的支撑系统：支撑系统的自重是多少？它能承受多大重量？例如，设计一座桥梁时，她必须要考虑来自汽车、人、风，以及最糟的情况——地震的压力。

幸运的是，弗里曼不需要每次都从零开始进行设计。设计代码帮了她大忙。

结构工程师在设计方案时，不仅要考虑服务公众的安全性，还要考虑经济成本。当弗里曼设计一座桥梁或一栋大楼时，她首先要给出一个初步的设计方案，然后对方案进行评估以确保它能满足所有的项目要求，最后，她帮助做一个施工计划，接着设计方案就可以变成现实了。

弗里曼十分享受新项目中的挑战。她说：“你遇到一个带着一堆限制的问题，然后你用你学到的数学知识想出一个有趣的解决方法。这对我来说是十分奇妙的体验。”

教育背景:

弗里曼在西弗吉尼亚大学获得了土木工程专业的学士和硕士学位。研究生期间，她在高速公路运输部的西弗吉尼亚部门工作，开始了她的土木工程事业。部门采纳了她的理论“最优化短跨钢桥包的改进”。

给同学们的建议:

弗里曼告诉学生们不要被工程领域吓着了。她自己曾经担心自己能否胜任这份工作。她说：“刚上大学，我质疑过我的能力，但是让我高兴和惊讶的是我并没有被困难吓倒。我很开心用这种方式挑战我自己，从事的是自己真正有兴趣的职业。”

对两个通过手机进行谈话的人来说，这个交互系统包括几个步骤。在输入过程中，第一个人的声音（声波）通过一个传声器被编码成为电信号进行传输。实际上这个输入过程是把声音的能量转换为电能（见第9章）。

在系统的传输过程中，电信号被传送出去并被手机信号塔接收，然后通过固定线路传输到目标信号接收者附近的另一个信号塔。在第二个手机信号塔，信号被播出并被另一个人的手机接收。

图2-11 水手通过手旗进行交流。

第二个人的手机必须经过扬声器将电信号转换成人们能够听到的声波。这是系统的输出部分。尽管这只是对一个复杂过程的简单解释，但是它却展示出了所有交互系统里共有的基本概念：编码、传输和解码。计算机、打印机及所有其他的电子设备都包含着相同的过程。

交互技术并不一定是电子的。几年前，海上不同船只上的水手们使用手旗进行交流。旗子挥舞的不同位置代表不同的字母（见图2-11）。水手、士兵及其他人也会通过闪烁光源来传递莫尔斯码。然而，这两种情况都依赖于可视信号，所以他们只能在可以看清楚的情况下进行交流。由此可见，多亏了当代科技的发展，我们可以快速地在全世界范围内进行交流。

生产系统

生产系统以尽可能低的成本高效地生产物理产品。我们使用这些系统来生产各种各样的产品——从你或你的宠物食用的食品到视频游戏设备里的中小型电子配件。我们还可以根据产品是否在现场完成将生产系统细分为制造和建造。制造通常是在工厂内生产零件。而建造则是就地建立一个单独的结构。例如，我们可以在工厂里制造一栋房子，然后把它运输到某个地方，固定在那里的地基上。或者我们还可以直接在这个地方的地基上建造一栋房子。

©ISTOCKPHOTO/MOREPIXELS

©ISTOCKPHOTO/ANDREY VOL

图2–12　生产系统能够生产从薯片到电脑芯片的各种东西。

工程师设计的所有产品都是为了满足人类特定的需求或欲望（见图2–12）。一个产品如果不能满足人的需求或者欲望，那他就不可能是一个成功的产品。通常，在产品投入生产之前人们会做很多调研。开发人员必须说明他们已经调查了消费者的需求，消费者愿意花钱购买这一喜欢的产品。本章中已经讨论过了一个关键的技术资源——投资资金，如果没有这种调研，是很难拿到投资资金的。

每一种产品都有很多设计上的限制，并且必须符合各项标准和产品的一些特殊要求。例如，设计供老人或有视力障碍的人使用的遥控器时，一个标准可能就是数字按钮要更大和更亮。而对于有关节炎的人来说，这种遥控器也许还要更大一些并且表面使用不同的材质。对任何一种产品来说，要在市场上获得成功必须满足一定的标准。

约束（constraints）
约束是一种限制，例如设计过程中对外形、预算、空间、材料或人力资本的限制。

除了标准之外，设计还有一些**约束**或限制。约束是一种限制，它可能是制造流程、预算或生产产品所需要的时间。例如，市场调研可以确认人们愿意花多少钱来买一部新型电话。设计者可能需要削减产品的特色或选项来压缩成本。

运输系统

工程师设计运输系统以一种高效有序的方式运输人或货物。在本章的前一部分，你已经阅读到了一个机场作为运输系统的例子。现在构建一个不同类型的运输系统。在一个大型工厂中，产品在生产过程中是如何移动（运输）的呢？有些时候它们在传送带上移动（见图2–13）。还有些时候机械臂会把产品放在某个地方或从传送带上把它们取下来。在一些大型工厂中，可能会使用铲车来移动货物。

百货商场里的自动扶梯或升降电梯也可以认为是运输系统。显然，还有许多其他的运输方式可供选择。这些都可以称为系统，因为它们都包含了输入端、过程、输出端，通常还有反馈环路设计以尽可能高效地运输货物。

© BRIAN GOODMAN/SHUTTERSTOCK.COM

图2-13　传送带就是一个运输系统的例子。

第三节：技术的影响

所有的人类工程和技术活动都会对我们人类本身、社会和环境产生影响。正如我们在第1章所讨论的，有些影响是计划内的，但有些并不是。我们把计划内的影响称为预期影响，把不在计划内的称为非预期影响。科技的预期影响可以是积极的，也可以是消极的；而非预期影响也是如此。

工程对环境的影响

亨利·福特开发了一个成本更低的汽车生产制造系统。这在一定程度上使更多的家庭有能力购买汽车。但是福特和他的工程师都没有想到的是大量的汽车长期在路面上行驶会造成空气污染（见图2-14）。在汽车问题上缺乏预见性是造成非预期消极后果的典型例子。

我们还可以找到许多其他造成非预期后果的例子，不过大部分的影响都是小范围的。谁能预料到手机、MP3播放器和黑莓这样的小型个人电子设备的使

© ISTOCKPHOTO/PATRICK HERRERA

图2-14　早期的汽车生产商并没有预料到汽车尾气的排放会达到空气污染的程度。

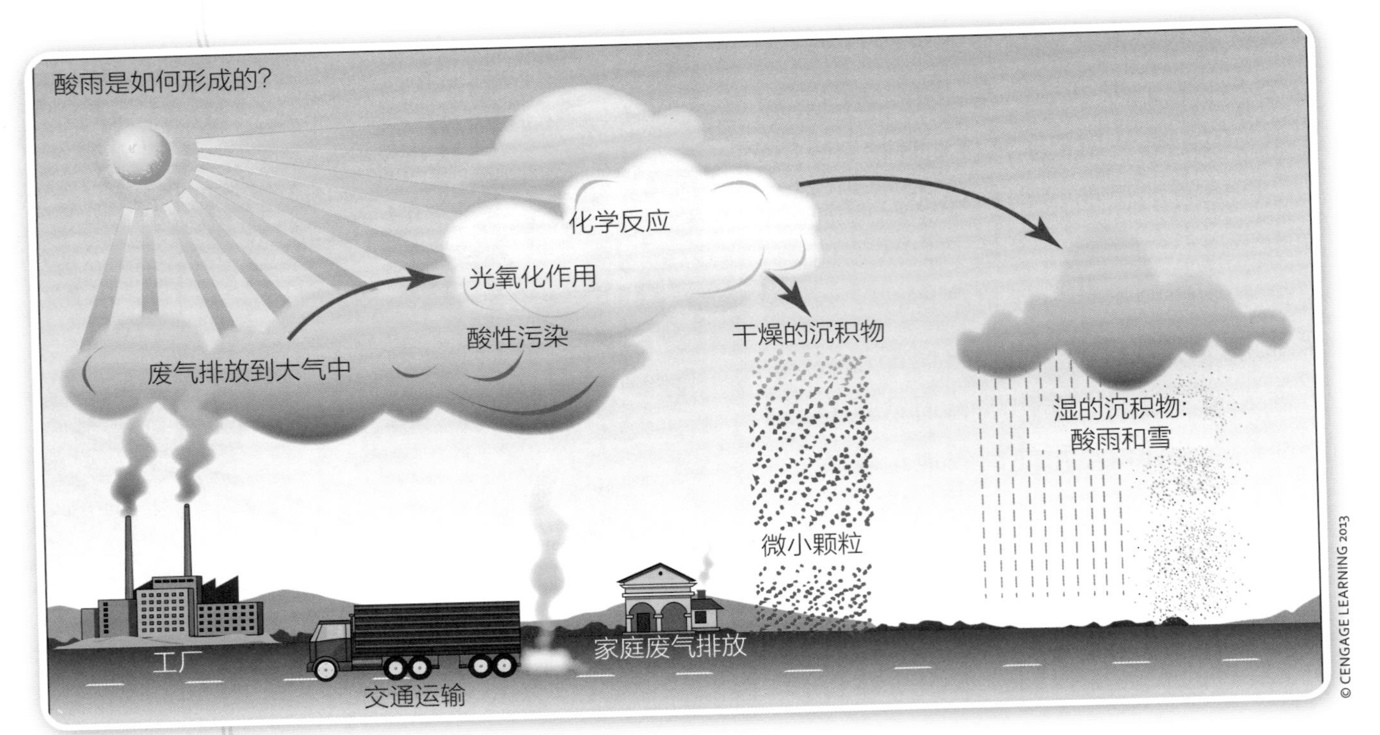

图2–15 酸雨是一种由汽车和工业排放造成的环境问题。

用会以如此惊人的速度增长？电池为每一种设备供电，但是如果我们不能妥善处置这些电池，它们将会严重威胁环境。

汽车和工厂造成的空气污染这种非预期影响的后果之一就是酸雨（图2–15）。降雨将空气中的有毒物质冲刷下来所形成的酸雨对美国东北部和加拿大东部的影响尤其严重。这些有毒的化学物质毁坏了大面积的森林土地。酸雨落入湖泊河流中会毒死鱼类和其他生活在水中的生物。

美国东北部的大量工厂都将这种有毒物质排放进了空气中。设计和建造这些工厂时，没有人知道这些排放物会造成这么多的问题。它们的设计者当时只关注想要的正面结果:发电量和工业产品。这些工厂生产出了更加廉价的产品，并给当地的居民提供了工作岗位。

加拿大人并没有从美国的工业工厂中获利，但他们同样遭到了酸雨的破坏（见图2–16）。这些例子告诉我们科技对环

图2–16 酸雨对环境造成了许多消极的后果。

境的影响是不分国界的。受到美国的工业技术活动的影响，加拿大的自然生态系统遭到了广泛的破坏。

工程学对社会的影响

5

科技的进步影响着社会。一个社会科技的发展部分决定了人们的生活、工作和娱乐方式。今天，由于我们极其快速的交流方式和国际贸易，一个国家开发的产品会很快被其他国家的市民所接受，除非受到政府或宗教的限制。然而，一些国家的领导人，害怕某些技术会损害他们的社会道德和文化价值，所以他们禁止这些技术入境。

你能想出一项工程或某项科技的发展产生了非预期的却很积极的影响吗？最初网络的设计只是为了科学家之间和科学家与军队之间的交流。随着20世纪90年代早期超文本链接标识语言(HTML)的出现，国际互联网诞生了。互联网在娱乐和教育方面有了新的用途。中学生可以获得来自全世界的数百万条信息就是科技的发展带来非预期积极影响的一个例子。网络犯罪和其他有害的互联网使用方式则是非预期的消极影响（见图2-17）。这个例子说明，技术本身并没有好坏之分；人们的使用方式决定了它的价值。

© AUREMAR/SHUTTERSTOCK.COM

图2-17　学校使用互联网来进行项目研究是一个技术产生非预期积极影响的例子。

社会决定了哪种技术能够发展。社会传统和宗教信仰影响了这个社会中人们能够开发和使用什么样的产品。例如，旧秩序阿米什教派建立了一个不使用包括汽车和电在内的某些特定科技的社会（见图2-18）。为了坚定他们的宗教信仰，该教派教徒依然用马车运输货物，用风车提供家庭和牲畜用水，用马拉机械耕种和收割农作物。

© ISTOCKPHOTO/DELMAS LEHMAN

图2-18　技术的社会价值决定了它能否被社会所接受。

目前，全世界都在进行干细胞的研究，但是这项研究在美国引起了激烈的争论。我们应该允许人们使用人的细胞进行实验和操控到什么样的程度呢？我们已经成功地克隆了动物。我们应该允许克隆人类吗？从一开始我们就应该允许克隆动物吗？这些问题都很难回答。谁能来决定工程师们可以开发的项目呢？

社会价值观影响了工程师和科学家被允许或被鼓励开发的新技术的程度。在美国，关于合理使用工程技术的相关问题可以由国会或法庭决定。这里也体现出了公民接受良好的工程与技术教育的重要性；只有这样他们才能作为投票人作出明智、理性的决定，而不会被谣言所误导。

总　结

在本章中你学习了

- 工程设计和技术领域有7个关键的资源：人力、能源、资金、信息、工具与机器、材料和时间。
- 系统是指有组织地组合在一起，相互合作，共同完成一项任务的一套或一组零件。
- 系统有两种类型：开环系统和闭环系统。开环系统是需人为调控的系统。闭环系统是可自动工作的系统。
- 一个系统需要有一个输入端、过程和一个输出端。
- 技术系统包括交互系统、生产系统和运输系统。
- 所有的人类工程与技术活动都会影响人类自身、社会和环境。
- 有时候科技的影响是在计划内的（预期影响），而有时候却不在计划内（非预期影响）。
- 科技的后果或影响可能是消极的，也可能是积极的。
- 技术本身并无所谓好坏。人们的使用方式决定了它的价值。
- 工程类专业对我们国家的经济竞争力和我们的生活质量来说非常重要。
- 工程类相关的职业有很多不同的类型。

词　汇

用你自己的话给下列词语下定义。然后，把你自己的答案和本章给出的定义进行对比。

技术资源
能量
功
系统
子系统
开环系统
闭环系统
约束

知识拓展

请仔细思考，并写出下列问题的答案。

1. 作为公民，学生为什么需要对技术有一个扎实的了解？
2. 为什么技术资源在工程类领域十分重要？
3. 工程与技术以什么样的方式影响下列事物？
   A. 人类
   B. 社会
   C. 环境
4. 解释工程与技术可能会产生预期的、非预期的、消极的或积极的后果这一观点。
5. 调研一项技术的发展，并描述它是如何影响人们和环境的。在课堂上展示你的研究结果。

继续进入下一章

第3章 工程设计过程

菜单

头脑准备

在学习本章的概念时，请思考下面的问题：

1. 什么是设计？
2. 工程师如何评估不同的设计想法？
3. 发明和创新之间的区别是什么？
4. 工程设计的过程是什么？
5. 什么是专利？
6. 一个完整的工程设计过程包括哪些步骤？
7. 为什么工程师要使用工程手册？
8. 什么是设计约束？

应用中的工程学

如果有人让你考虑一个工程设计，你很可能会考虑一台新的计算机、一架高速飞机或者是一部手机。然而，环顾你的房间，你所能看到的一些很平常的物品都用到了工程设计。“倒置的番茄酱瓶”就是一个很好的例子。几十年来，亨氏（H.J. Heinz）公司的玻璃番茄酱瓶是众所周知的。而亨氏如果想保持在番茄酱领域的领导地位，就不得不集中精力去改进他的产品。正是这个原因，亨氏投资1亿美元成立了一个占地10 000平方英尺的全球创新和质量中心，专门进行产品的升级。

亨氏的市场调查显示，公司的顾客用传统的直立瓶子倒番茄酱时总是遇到麻烦。调查发现，25%的顾客会使用刀子来取番茄酱。这项调查还显示，有15%

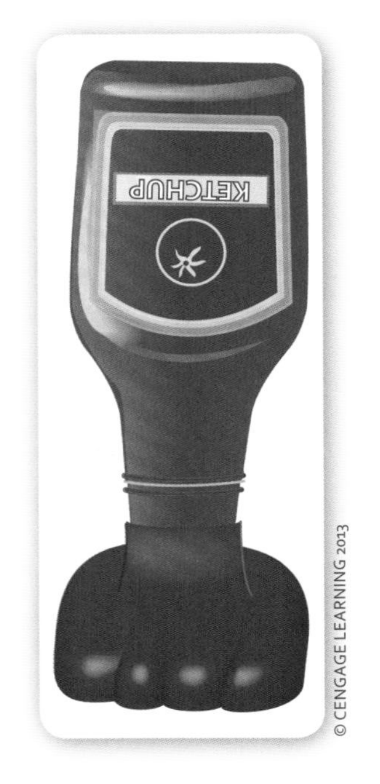

图3-1 倒置番茄酱瓶的大脚固定器。

图3-2 亨氏易挤番茄酱瓶。

用者会倒着存放瓶子，以便顺利倒出番茄酱。实际上，一家叫劳伦（larien）的公司发明过一种倒置番茄酱瓶的大脚固定器，如图3-1所示。因此亨氏利用工艺设计过程发明了一种新的更容易倒出的番茄酱容器。亨氏易挤番茄酱瓶就是这项工艺设计的成果(见图3-2)。

所以下次你往你的芝士汉堡包上挤番茄酱时，请记住，是工程设计让这个动作变得更容易了。我们社会中的几乎每一件产品都是由工程设计开发或改进的。

你知道吗？

17世纪时，英国和荷兰的商人最初是从东亚进口番茄酱。最初番茄酱被称为“ketsiap”，由腌鱼制成，类似于今天的辣酱油。一百年后，加拿大新斯科舍的农民往这种沙司中加入了番茄和糖，现代的番茄酱就诞生了。

第一节：工程设计过程

设计介绍

很多东西都影响着今天设计的产品。按照传统理解，设计包括形状、颜色、大小、材料和质地。然而，诸如成本、安全性、市场趋势和服务等因素在设计中也变得越来越重要。设计是要把一个概念转变成一个可以生产的产品。换句话说，它是提供可以把资源变成所需产品或系统的计划。

设计可以改进现有的产品、技术系统或做某件事的方法。这种改进就称为创新。创新意味着人们愿意购买这种产品或方法。创新能够促进经济的增长。我们今天看到的大部分新产品都源于创新。发明物是指以前从未存在的新产品、系统或方法。发明一般都发生在科学实验之后。发明通常不是计划好的，随着时间的推移，有些发明就越来越有用。

设计有一系列的步骤。设计方法是一套为了满足人类的需求和欲望的系统解决策略。设计方法根据社会的需要随时间而不断演化，并带有时代特征。使用设计方法解决问题可以帮助工程师找到最佳的解决方案。

工程设计过程（engineering design process）

工程设计过程在决策时借助于数学、科学和工程学原理。

在设计过程中，工程师进行团队合作。团队合作比一个或者两个工程师单独工作更加有效（见图3-3）。成为一名优秀的团队成员是需要努力的，因为很多人都习惯于单独工作和做决定。在一个团队里工作意味着要找到所有团队成员都能够支持的解决方案。这说明所有成员都要参与团队决策是很重要的。这样，每一位团队成员都能够从成功的设计方案中获益。

工程师开发出了一系列步骤，我们称为 **工程设计过程** 。方法中包含了有助于我们作出决策的数学、科学和工程学定律。图3-4展示了国际技术与工程教育者协会（ITEEA）提出的工程设计方法的12个步骤。其他组织和作家也开发了工程设计方法的流程图。大部分流程图具有相似的特征。ITEEA的12个步骤可以用3个阶段来解释：概念、开发和评估。每一个阶段包含四个设计步骤。

图3-3 团队合作是解决问题的一种很好的方法。

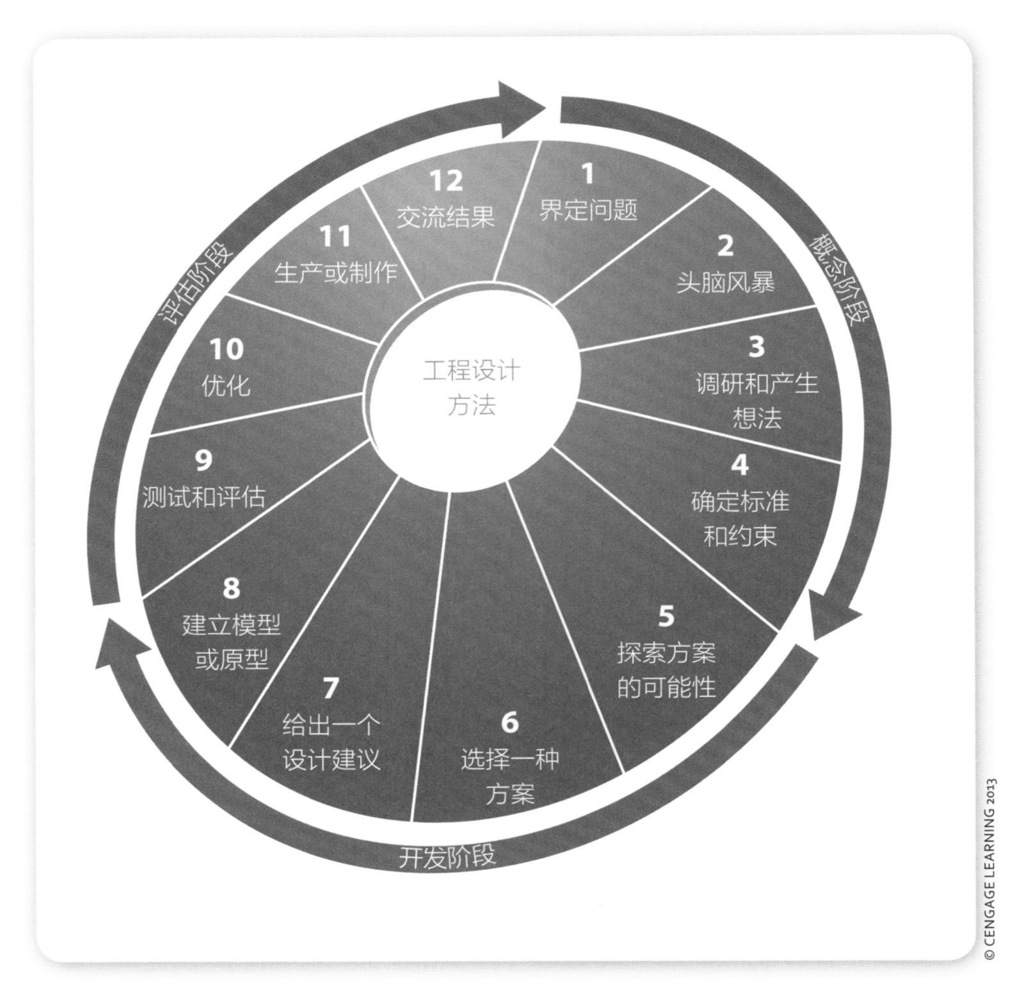

图3-4　工程设计方法。

概念阶段

概念阶段包括4个步骤：（1）界定问题，（2）头脑风暴，（3）调研和产生想法，（4）确定标准和约束。

一个问题在被界定之前，肯定要先被人发现。工程师自己往往并不去发现问题，这些问题往往是作为社会的需求而不是以问题的形式出现的。需求可能是指人们的某种需要、某种产品或服务的短缺，或者是某种紧俏品。对工程设计方法而言，这种需求被称为问题。问题的发现可能来源于调查、媒体曝光或客户的投诉。工程设计团队必须以一种简单明了的方式界定问题。问题的界定不包括解决方案。

头脑风暴(brain storming)

头脑风暴是一种团队所有成员一起自由讨论和产生想法，共同解决问题的方式。

头脑风暴是工程设计方法的第2个步骤。在这个步骤中，设计团队的所有成员一起提出建议并对想法进行讨论，共同解决问题。团队列出所有可能的解决问题的方案。成员们必须开放思想，并认识到没有什么想法是错误的（见图3–5）。

图3-5 头脑风暴有助于产生想法。

头脑风暴过后，设计团队会采访受这个问题影响的人。列出解决问题的所有想法之后，设计团队会展开调查，看有哪些解决方案是已有的。调研是工程师在设计过程中可以做的最好的工作。调研是非常必要的，因为绝大多数的新设计都只是创新，而不是发明。对工程设计团队来说，明确哪些是已经实现的和可用的是非常关键的。

工程学挑战

工程学挑战1

你的工程设计团队有一个关于山地自行车的问题。通过头脑风暴列出一个可能的解决方案的清单。展开调研看是否有已经存在的方案。调研方式可以是上网研究自行车产品样本，或访问当地的自行车商店，给出几个调研结果就可以。你的团队要在笔记本上记录下你们的工作。

工程学挑战1 设计团队为山地自行车提供储物装置。

设计纲要（design brief）

设计纲要指的是一份包含确认所要解决的问题、设计标准及约束条件的书面计划。

在概念阶段的最后一个步骤，设计团队必须明确产品设计的标准。回忆第2章我们知道，标准指的是工程设计中的一些特殊要求。在这个步骤，团队还需要明确设计的约束或者说限制，它会影响到产品的设计。这时，设计团队可以给出一个 **设计纲要** ，这份书写的计划要陈述问题，设计需要满足的标准及解决方案中的约束条件。图3–6展示了山地自行车的一个设计纲要。

工程学挑战

工程学挑战2

现在你的设计团队应该去检验工程学挑战1中提出的每一个解决方案。这些产品都能满足山地车设计纲要中所列出的约束吗？你的团队要把你们的发言记录下来。

设计纲要

问题:

在最近出售的山地自行车上，没有放置水、食物和急救包等备用品的地方。这就使得骑行者必须将这些物品放在背包里。而骑行过程中背着背包会造成骑行者不能平衡和背部肌肉紧张等问题。

标准:

- 必须能够携带骑行一天所需要的食物和水;
- 必须能够携带急救包;
- 必须是自行车本身的一个装置，而不是附加品。

约束:

- 团队有两个星期的时间去完成这项工作;
- 只能请教学校的制作老师;
- 材料费不能超过20.00美元。

图3-6 山地自行车问题的设计纲要。

开发阶段

开发阶段包括4个步骤：（1）探索方案的可能性，（2）选择一种方案，（3）给出一个设计建议，（4）建立模型或原型。

在开发阶段的第一个步骤，我们再次检查了罗列出来的用于解决问题的可能方案。这个步骤可能包含更多的头脑风暴和调查研究。然后，设计团队根据已经确定的设计标准和限制条件对每一种可能的方案进行评估。

如图3-7所示的设计评估表可以帮助我们选择设计方案，这也是开发阶段的第2步。设计团队对信息和数据进行收集和分析，从而确定每一种设计对设计要求的符合程度。矩阵是为解决问题而进行的一种数学元素的排列。设计团队也可以用某种投票的方式来选择设计方案。最终的设计方案需要得到团队成员的一致同意或大致同意。这就需要团队成员之间具有良好的合作。

设计矩阵

标准	设计A	设计B	设计C
1	好	极好	好
2	好	差	极好
3	差	差	差
4	极好	好	差

图3-7 设计矩阵。

工程学中的数学

图3-8所示的设计矩阵用极好、好、差三个词语来对设计进行评价。一个真正的数学设计矩阵是基于数值用数学的评分系统对方案进行评估。这种矩阵类型排除了决策过程中的人为影响。

开发阶段的第3个步骤是给出设计建议。在这个步骤，要制备好详细的图纸。如果这个工程设计继续下去的话，就需要有包含大量产品细节的图纸。图3-8所示的图纸所展示的详细程度就是一个例子。你可以从第5章和第6章了解到更多的关于制备这些详细图纸的信息。除了制备图纸，设计团队在这时还必须做其他关键的决定。其中的两个决定是：（1）生产这种产品的材料类型；（2）生产这种产品的工艺类型。为了做出这些决定，工程师们需要有材料（第8章）和制造工艺（第17章）两方面的知识。

开发阶段的最后一个步骤是制作原型，这个设计的等比例实际模型。我们将在第8章介绍原型的制作。

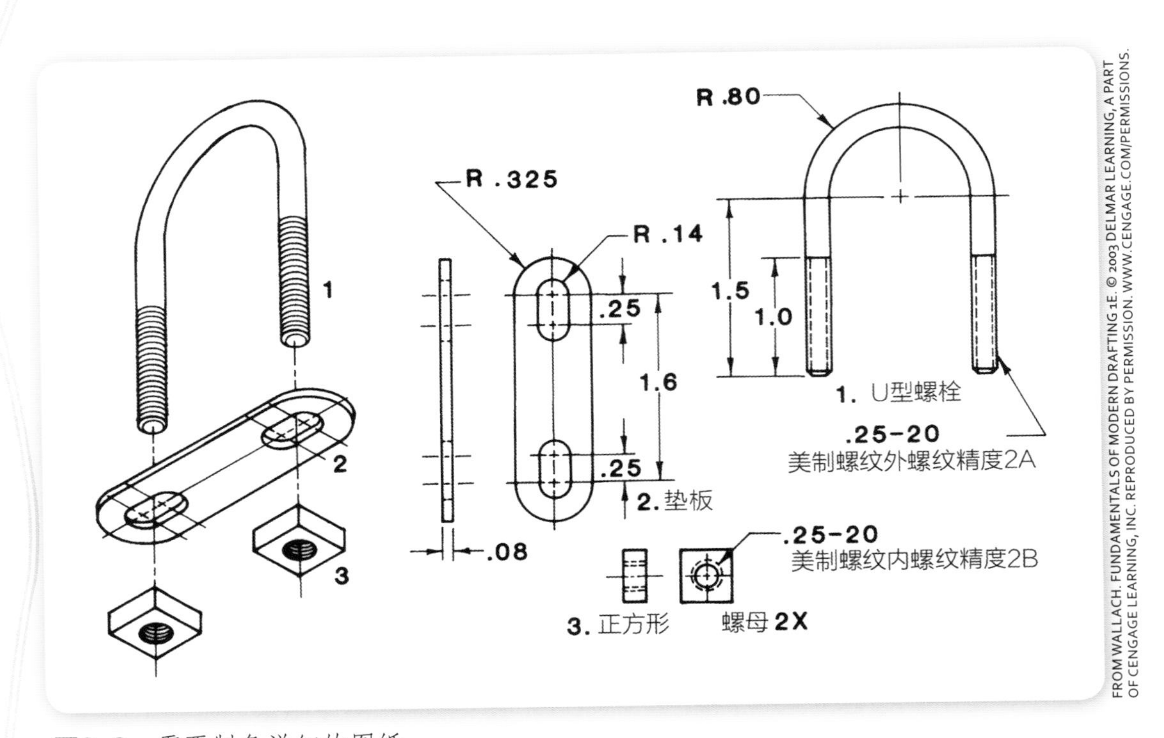

图3-8　需要制备详细的图纸。

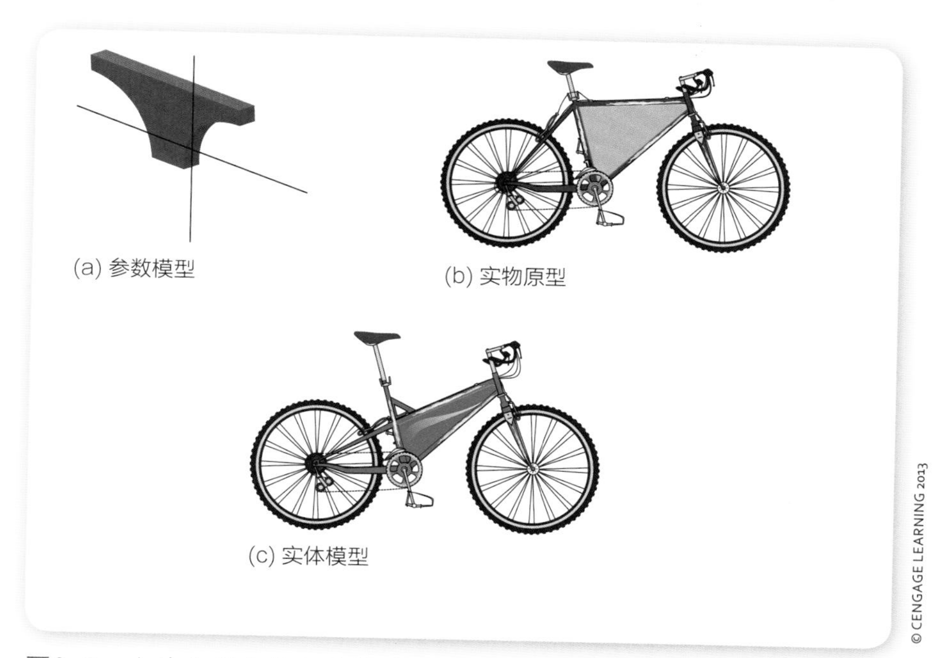

图3-9　山地自行车的参数模型、实物原型和实体模型。

这种工作设计模型使工程设计团队可对其进行测试和评估。

原型必须和想要的最终产品有相同的功能。有时候设计者会制作一个模型——一种实际上并不能工作的设计模型，来看一看这个产品的外观怎么样。图3-9展示了山地自行车设计的参数模型、实体模型（把一块硬纸板绑在了自行车上)和实物原型。实体模型只是用来观看的，可以是制作的，也可以不是制作的。而实物原型则要是被制作出来的，以便进行测试。如果没有实物原型，设计团队就不知道他们的设计方案是否真的有用。

评估阶段

评估阶段包括4个步骤：（1）测试和评估，（2）优化，（3）生产或制造所设计的产品，（4）交流结果。

工程设计团队可以使用在开发阶段制造的实物原型对他们的设计进行试验，也就是在工作环境下测试和考察他们的设计。试验是对实物原型进行可控测试的行为。测试是基于已经确定的设计标准来分析和评估所设计产品的表现过程。

很多设计项目都通过测试得到了评估，包括设计的实用性、材料的耐久性和可加工性、所需制造工艺的可实现性及产品操控系统的有效性。在评估的过程中，我们会把信息和数据收集起来进行分析，来判断这项设计是否满足需求，同时也为产品的改进提供了方向。

最优化（optimization）

最优化是指在给定的标准和约束条件下，设计出尽可能高效和实用的产品的行为、过程或者方法。

有了实物原型的测试结果，就可以对产品进行优化或重新设计。这意味着是对产品做微小的改动，还是完全地重新设计。这时候公司一般还要考虑客户的反馈。这个**最优化**过程使产品设计尽可能地高效和实用。在这个优化的过程中，所有的改动都会被记录下来，详细的产品图纸也会做出更新。

一旦产品优化完毕，工程设计团队就会将产品交接给生产团队，生产团队会对生产工艺的步骤进行安排。这不应该是生产团队第一次参与设计，而是在产品开发阶段他们就已经讨论过生产过程。

公司除了生产产品，还要考虑如何进行包装，因此之前界定问题过程中收集的信息将会帮上忙。市场团队将负责推出产品的销售和分布计划。

6

第二节：设计注意事项

约束条件

工程设计过程必须考虑设计上的约束或限制条件。这可能包括以下资源（见第2章）：

- 可以参与项目工作的人员以及他们的技术；
- 可利用的资本或基金；
- 可获得的参考信息；
- 可实现的生产工艺类型（机器和工具）；
- 可获得的材料类型；
- 用来设计产品的时间长短。

约束条件还包括其他的因素，如产品的外观、安全系数的要求和政府的法规。所有限制产品的设计、生产或销售的因素都应被看作是约束条件。

工程学中的道德规范

道德行为是指按照道德原则和价值观行事。一个不道德的行为不管有没有违法，绝大多数人都认为那是不应该做的。道德行为不止是简单地遵循一些规则。它也意味着以一种负责任的方式不去伤害人、动物或者环境。大多数专家，包括工程师，都有一套定义道德行为的标准。

职业聚焦

姓名：

默温 · T. 耶罗海尔
（Merwin T. yellowhair）

职位：

箭头工程公司董事长

工作描述：

默温 · 耶罗海尔的家乡——亚利桑那州北部的迪恩族，从来都没有出现过优秀的工程师，但是这更加坚定了他改变现状的决心。他完成了一个工程项目后，决定向大家展示，对当地的美国人来说，土木工程师是一个很好的职业选择。

耶罗海尔于2007年建立了箭头工程公司。公司专门从事的领域有水资源、道路，以及商业或住宅开发的选址和建造计划。

耶罗海尔有着渊博的水资源方面的知识。他用数学方程组计算不同结构和管道里液体的流量、流速、压力和设备容量。

进行选址规划时，耶罗海尔会选取一块空地，想方设法对它进行最佳利用。他会为建筑物、停车场和排水设施选址。然后他制定出一个计划，客户以此决定是否愿意把这个项目继续下去。当施工开始时，耶罗海尔的建造方案会为整个工程的每一个步骤提供指导。他还会亲自视察施工现场以确保进展顺利。

教育背景：

耶罗海尔在亚利桑那大学获得了土木工程专业的学士和硕士学位。

“我本科阶段的研究方向是结构，硕士研究生阶段的方向是水资源，这使我可以顺利地和其他工程师讨论各种工程学原理，”耶罗海尔说，“现在我拥有了自己的公司，我可以比待在土木工程的某一个领域了解更多的东西。”

耶罗海尔非常喜欢他在大学阶段为一家工程公司做的一个项目——设计28栋连体别墅的一部分。“它带给我一种真实的设计感觉，”他说，“因为确实有一个工程师监督着我们的工作，并用我们的成果去服务他的客户。”

给同学们的建议：

“我学到的第一件事是多问问题，总是有好处的，”耶罗海尔说，“你还应该始终坚持和专注自己的目标，但是也不能忘记享乐，否则生活就没什么趣味了！”

工程学中的科学

对于一个生物学家来说，生命周期是指生物体从出生到死亡的这段时间。然而，工程师则用生命周期这个概念来描述一件产品从设计到使用直至最后被丢弃的这段时间。工程产品的生命周期有和生物类似的四个阶段：（1）引进，对应播种的阶段；（2）发展，对应发芽的阶段；（3）成熟，对应植物根深叶茂的阶段；（4）衰退，对应植物凋亡的阶段。

你会故意设计可能会对幼儿产生伤害的产品吗？当然不会。工程师也是这样，他们考虑更多的是预估消费者将可能会怎样使用产品，而不是这个产品本来的设计目的。如果你知道婴幼儿经常把玩具放进自己的嘴里，那么设计零件容易在孩子嘴里脱落的小玩具就是不明智和不道德的。

工程师有责任对产品整个生命周期做好计划。当一个产品的使用寿命结束后会怎么样呢？它可以回收吗？这些用过的产品可以掺进来生产新的或另外的产品吗？产品的材料可以自然降解吗？或者是几千年后依然在垃圾填埋场保持不变？这些废弃品会困住一些啮齿小动物吗？这只是工程师们开发最佳总体产品设计时需要考虑的许多道德问题中的一部分。

专利

设计概念形成以后，设计团队一般会向美国专利与商标局（见图3–10）申请专利。专利是指联邦政府和发明者之间的契约，发明者拥有生产、使用和出售产品的特权，为期17年（见图3–11）。专利可以属于一个人、一个团体，或者一家公司。

PAUL J. RICHARDS/GETTY IMAGES

图3–10 美国专利与商标局。

US005777350A

United States Patent [19]

Nakamura et al.

[11] **Patent Number: 5,777,350**

[45] **Date of Patent: Jul. 7, 1998**

[54] **NITRIDE SEMICONDUCTOR LIGHT-EMITTING DEVICE**

[75] Inventors: **Shuji Nakamura**, Tokushima; **Shinichi Nagahama**, Komatsushima; **Naruhito Iwasa**, Tokushima; **Hiroyuki Kiyoku**, Tokushima-ken, all of Japan

[73] Assignee: **Nichia Chemical Industries, Ltd.**, Japan

[21] Appl. No.: **565,101**

[22] Filed: **Nov. 30, 1995**

[30] **Foreign Application Priority Data**

Dec. 2, 1994	[JP]	Japan	6-299446
Dec. 2, 1994	[JP]	Japan	6-299447
Dec. 22, 1994	[JP]	Japan	6-320100
Feb. 23, 1995	[JP]	Japan	7-034924
Mar. 16, 1995	[JP]	Japan	7-057050
Mar. 16, 1995	[JP]	Japan	7-057051
Apr. 14, 1995	[JP]	Japan	7-089102

[51] **Int. Cl.**[6] **H01L 33/00**

[52] **U.S. Cl.** **257/96**; 257/76; 257/97; 257/103; 257/13; 372/45

[58] **Field of Search** 257/76, 94, 96, 257/97, 14, 13, 103; 372/43, 45, 46

[56] **References Cited**

U.S. PATENT DOCUMENTS

5,602,418	2/1997	Imai et al.	257/627
5,652,434	7/1997	Nakamura et al.	257/76
5,670,798	9/1997	Schetzina	257/96

FOREIGN PATENT DOCUMENTS

6-21511	1/1994	Japan .

OTHER PUBLICATIONS

Jpn. J. Appl. Phys. vol. 34(1995) pp. L797–L799.

Jpn. J. Appl. Phys. vol. 34(1995) pp. L1332–L1335.

Appl. Phys. Lett. 67(13), 25 Sep. 1995.

Primary Examiner—Mahshid D. Saadat
Assistant Examiner—John Guay
Attorney, Agent, or Firm—Nixon & Vanderhye

[57] **ABSTRACT**

A nitride semiconductor light-emitting device has an active layer of a single-quantum well structure or multi-quantum well made of a nitride semiconductor containing indium and gallium. A first p-type clad layer made of a p-type nitride semiconductor containing aluminum and gallium is provided in contact with one surface of the active layer. A second p-type clad layer made of a p-type nitride semiconductor containing aluminum and gallium is provided on the first p-type clad layer. The second p-type clad layer has a larger band gap than that of the first p-type clad layer. An n-type semiconductor layer is provided in contact with the other surface of the active layer.

21 Claims, 6 Drawing Sheets

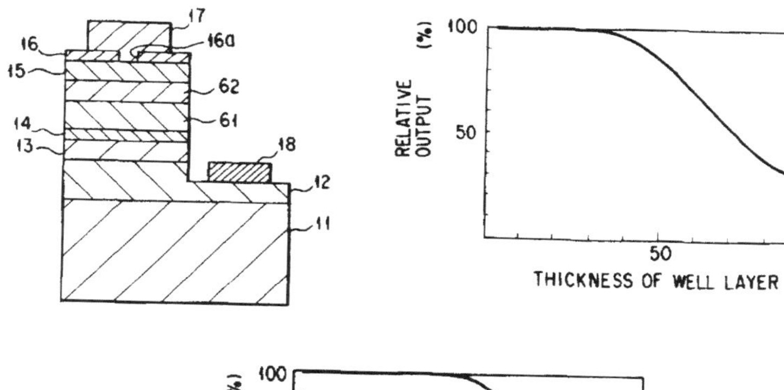

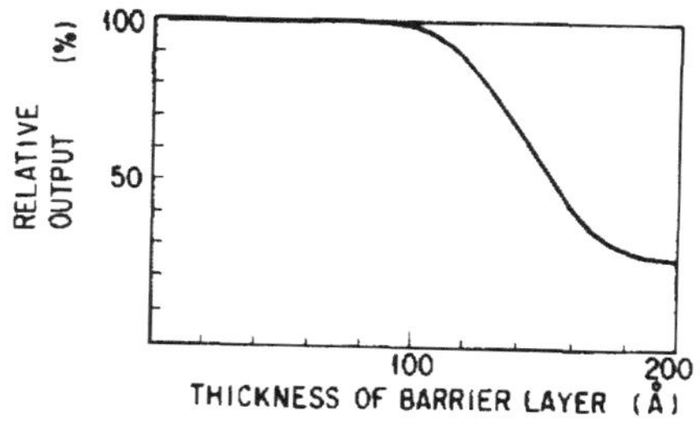

图3-11　一个有效期为17年的专利。这是一个授给S·中村的专利副本，他的蓝色激光器扩展了光盘的存储容量。

工程学中的数学

市场调研要用到一个数学概念——抽样。抽样是对所接触到的个体进行选择以获取信息的统计过程。进行调研的统计学家有两种抽样方式可供选择：随机抽样和分层抽样。随机抽样就像是从一大袋M&M巧克力豆中取出其中的一颗。你拿到的可能是红色的，也可能是绿色的或黄色的。所有的巧克力豆被选中的机会相同。如果产品是被所有人广泛使用的，那么就可以选择随机抽样。

分层抽样用于绝大多数的产品，它只在一个确定的群体中进行抽样。如果你设计了一个6到10岁的孩子用的背包。统计学家就只会在这个年龄群体中进行抽样，而不会询问成年人是否会买这个背包。

专利描述了包括详细图纸在内的产品设计，并确认了生产产品所使用的材料及其他使装置顺利运转所需要的细节。专利局每年会收到超过40万份的专利申请。

有时候人们会将专利与版权和商标混淆。版权保护的是作者的文学作品、音乐和艺术创作。别人不能复制他们的作品。商标是一种标识或者用来区分一个项目或公司的词语。麦当劳的商标是它的金拱门。当你看到这样的拱门时，你就知道这是麦当劳。

可销售性

可销售性指的是消费者是否会购买这款新设计的产品。在进行工程设计之前设计团队应该进行市场调研。**市场调研** 是对潜在用户的调查，意在获得他们对产品优缺点的评价。这个群体应该在潜在消费群体中具有代表性。因此市场调研中获得的信息有助于产品的推销。

市场调研（market research）

市场调研是对潜在用户的调查，意在获得他们对产品优缺点的评价。

文档记录（documentation）

文档记录是对描述产品的用途、生产步骤及其他相关事项的记录和图纸的系统收集，以备日后进行参考。

第三节：工程手册

目的

记录工程设计的过程是非常必要的。**文档记录** 是对描述产品的用途、生产步骤及其他相关事项的记录和图纸的系统收集，以备日后进行参考。每一个工程设计项目都必须配有一本工程记录手册。

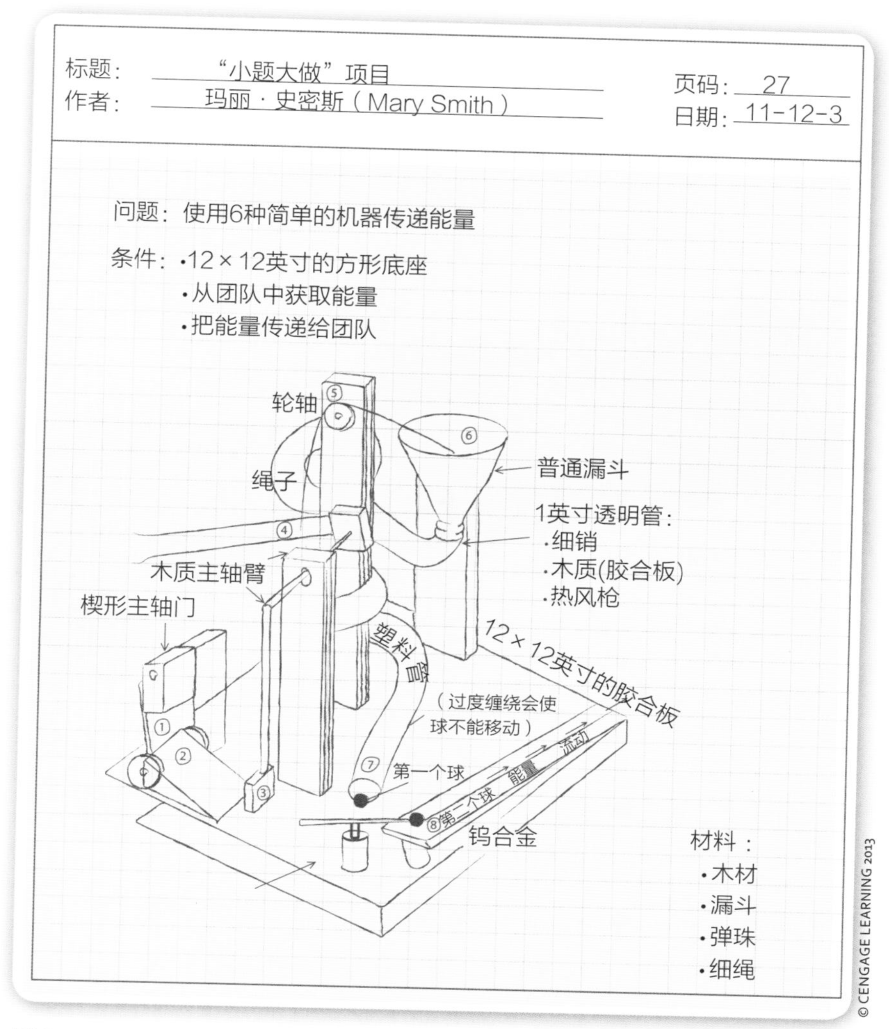

图3–12　记录良好的工程手册中的一页。

工程手册是一种文档，它记录着对某一产品的工程设计过程的步骤、计算及评估。图3–12给出了工程手册中的一页。工程手册是装订好的，不能随意增添或去除内容页。工程手册包含了设计中所有的草图和计算。所有的手册条目都标注有日期。这个工程手册是一份实际有效的文档，它可以用作申请专利的证据。在一些有关法律和安全案件中，手册也可以作为呈堂供证。

工程手册（engineering notebook）

工程手册是一种文档，它记录着对某一产品的工程设计过程的步骤、计算及评估。

组织

工程手册的内容页是装订手册的一部分。每页都要标明日期并按顺序排序。工程手册要列出所有集体讨论得出的想法。此外，工程手册还应该包含所有的设计草图和图纸。

在制作原型和测试的过程中，需要在工程手册中添加产品的数字图。设计师还应该加入观察和测试的结果，以及记录设计过程的产品评估。一旦整个设计流程结束后，务必将工程手册存放在一个安全的地方。

总　结

在本章中你学习了

- 包含解决问题步骤的设计流程，目的是列出问题的所有可能解决方案。
- 工程设计过程将数学、自然科学和工程学原理运用于工程设计。
- 工程设计过程包含12个步骤。
- 工程手册为设计过程提供了一个有效的参考文档。
- 道德问题是工程设计过程的一个重要组成部分。
- 专利给予发明人对产品的17年的特权。

词　汇

用你自己的话给下列词语下定义。然后，把你自己的答案和本章给出的定义进行对比。

工程设计过程
头脑风暴
设计纲要
最优化
市场调研
文档记录
工程手册

知识拓展

请仔细思考，并写出下列问题的答案。

1. 描述一个好的设计团队成员应该具有哪些社交能力，并讨论为什么这些社交能力是重要的。
2. 在产品实际设计出来之前，为什么确认工程设计过程中的设计标准很重要？
3. 为什么对一个设计的评估要基于数据而不是个人的感觉？
4. 描述一个记录良好的工程手册对设计团队成员和他们的公司的重要性。
5. 在美国，个人或者公司对一项专利有17年的持有权。谈论一下这个期限是否应该加长或缩短。

继续进入下一章 ▶

第4章 徒手绘制工艺草图

菜单

头脑准备

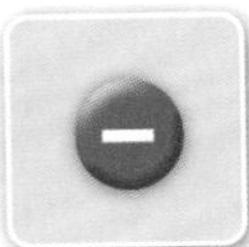

在学习本章的概念时，请思考下面的问题：

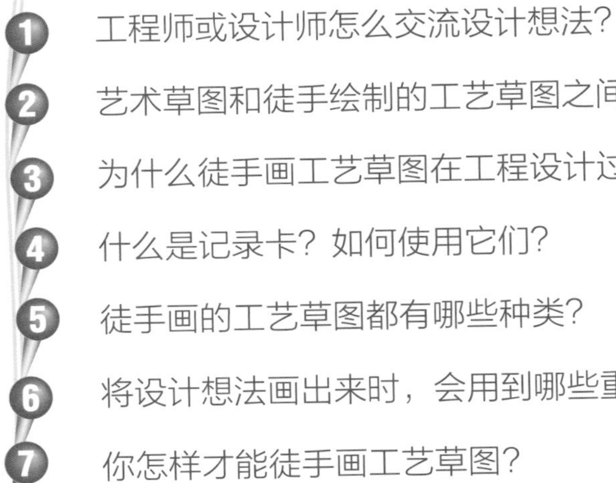

1. 工程师或设计师怎么交流设计想法？
2. 艺术草图和徒手绘制的工艺草图之间有什么区别？
3. 为什么徒手画工艺草图在工程设计过程中很重要？
4. 什么是记录卡？如何使用它们？
5. 徒手画的工艺草图都有哪些种类？
6. 将设计想法画出来时，会用到哪些重要的几何术语？
7. 你怎样才能徒手画工艺草图？

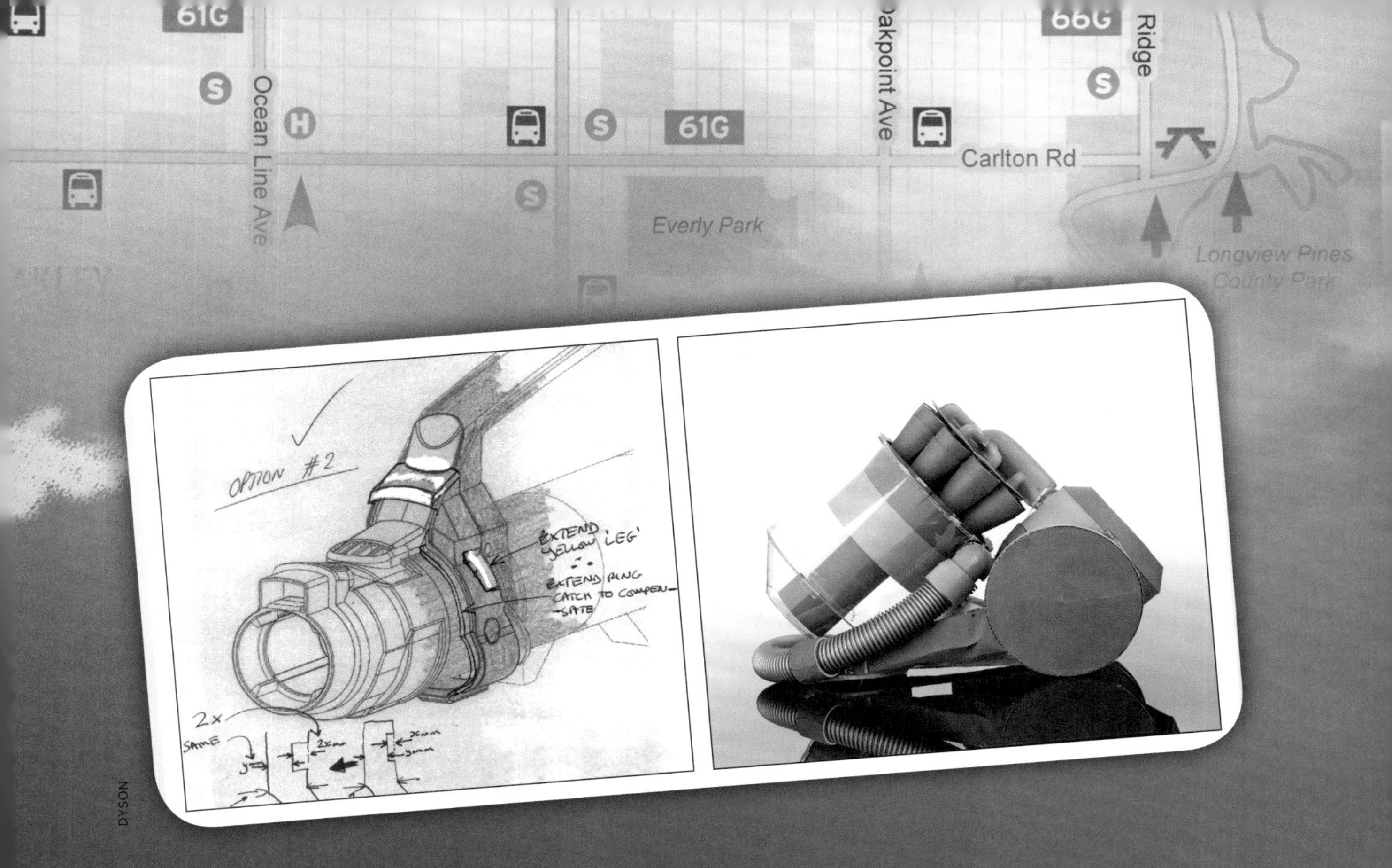

DYSON

应用中的工程学

詹姆斯·丹森（James Dyson）是著名的丹森牌气旋式真空吸尘器的创始人。他通过画粗略的草图开始建构他的想法。对丹森来说，草图是他的想法成形过程中关键的交流工具，它们是设计工程师头脑中的概念与另一关键步骤——建立基本3D模型之间的桥梁。

丹森想要解决的问题是：传统袋型真空吸尘器中的吸力损失。不管任何时候，当一个设计师着手解决某个问题时，他（她）首先要界定这个问题，然后进行调研，以了解尽可能多的相关信息。

当工程师对问题有很好的理解之后，他们会有一些想法。工程师们进行讨论时，常常会徒手画一些粗略的草图来记录他们的想法。

第一节：草图，一个很好的交流方式

你是否听过这样的说法“一张图抵得上一千个字”？对工程师或设计师来说，图或草图非常重要，画草图是他们记录设计灵感最简单快捷的方式。

交流想法

交流是人类行为中最重要的事情之一（见图4-1）。有很多原因促使我们交流。其中一个原因是要告诉别人我们的想法。这些想法可能是到达某地的地图、从网上下载音乐到iPod的指导，或者是建造某些

图4-1 人们交流的方式和目的都多种多样。这几张图展示的技术可以让人们自由去任何想去的地方。

图4–2　你可以用各种不同的方式进行交流：讲话、做手势、写作或画图。

东西的方法，交流的方式有讲话（口头的）、做手势（手势信号）、写作（文章），以及画图（图表），具体可见图4–2。

在设计和生产（建造）中，每天都要用到的产品或建筑的人们通过图形图像（图片）或文字来展示和分享他们的想法。在用绘图板或计算机辅助设计（CAD）软件绘制出最终的机械制图和说明(技术笔记)之前，设计师和工程师用会先用一种叫做“徒手绘制工艺草图”的方式交流想法[见图4–3（a）]。

徒手绘制工艺草图 是一种不使用诸如T形尺、三角板、圆规等画图工具绘制工艺草图的方法。这不同于那种素描艺术家。艺术家像工程师一样通过草图来设计想法，但他们的素描并不注重精确，而更倾向于“自由地流露”[见图4–3（b）]。人类创造出来的东西，如汽车、轮椅、滑雪板和房子等，都开始于画在图纸上的想法（见图4–4）。头脑风暴、记录测量结果和过程，以及设计新产品的过程时都会用到这种绘制草图的方法。

徒手绘制工艺草图（freehand technical sketching）

徒手绘制工艺草图是一种画图方式，不使用T形尺，三角板，圆规之类的画图工具。

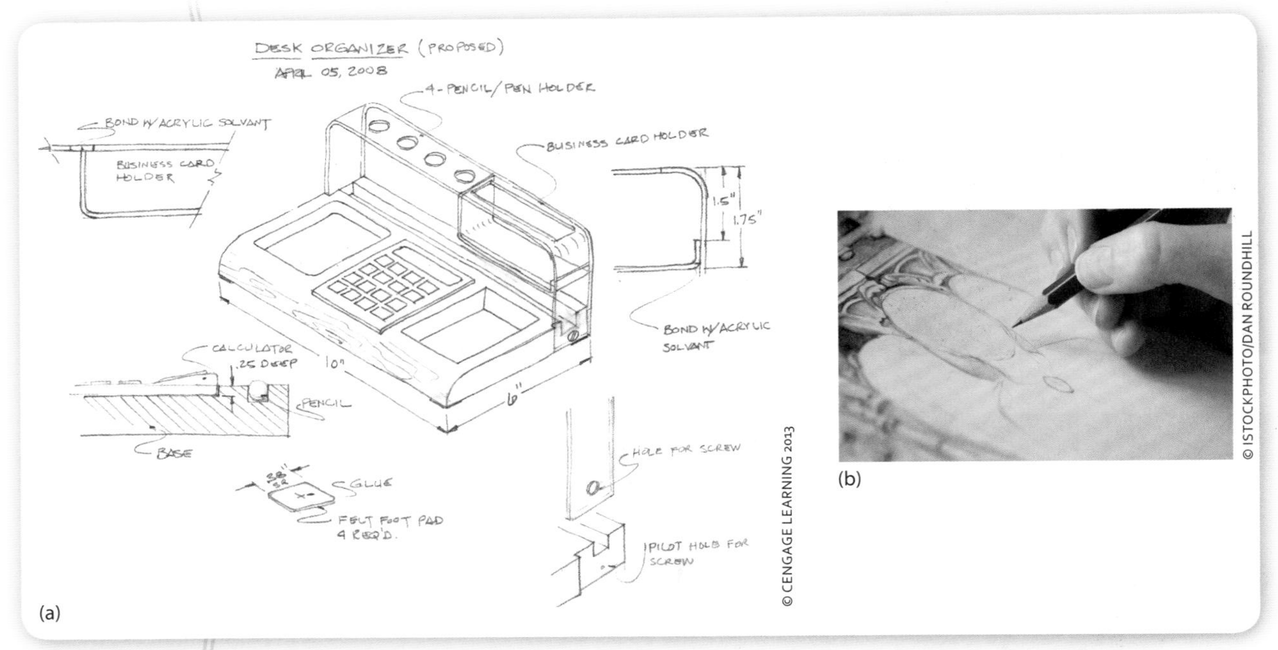

图4–3 (a)工程师徒手绘制的一个计划制作的新产品的工艺草图；(b)艺术家画的肖像素描。

草图的优点

相比尺规法作图和CAD画图，徒手画图有一些独特的优点。首先，当你有灵感时，可以随时随地画出你的想法或概念。举例来说，当你乘公交车去学校时，你可能有了一些设计想法。你并不一定需要那些机械的画图工具，一支笔和一张纸就可以满足你的需要。对于那些设计我们日常使用的产品的人来说也是如此。许多伟大的想法最初可能是记录在餐馆或飞机上的餐巾纸上，或者是在厨房的餐桌上（见图4–5）。所以你其实可以在任何时间、任何地点，在几乎任何一种类型的纸上画出你的草图。

谁可以画草图?

任何人在任何时间、任何地点都可以画草图。从事工程和设计行业的人在被称为“构思”或“概念化”的思考过程中经常要徒手画草图。他们不断改善他们的想法，并使别人能够理解他们。人们在使用传统的绘图工具或CAD软件绘制最终图片之前，都要先画一些简单的草图来整理他们的想法，这能帮助他们减少工程制图中的错误（见图4–6）。机器操作工和建筑人员同样也要用画图来说明机器的操作方法和确认建筑工地上的设计步骤。徒手制作工艺草图也用于逆向工程。所谓逆向工程，就是把某一个零部件拆卸下来，详细研究它如何工作的过程。

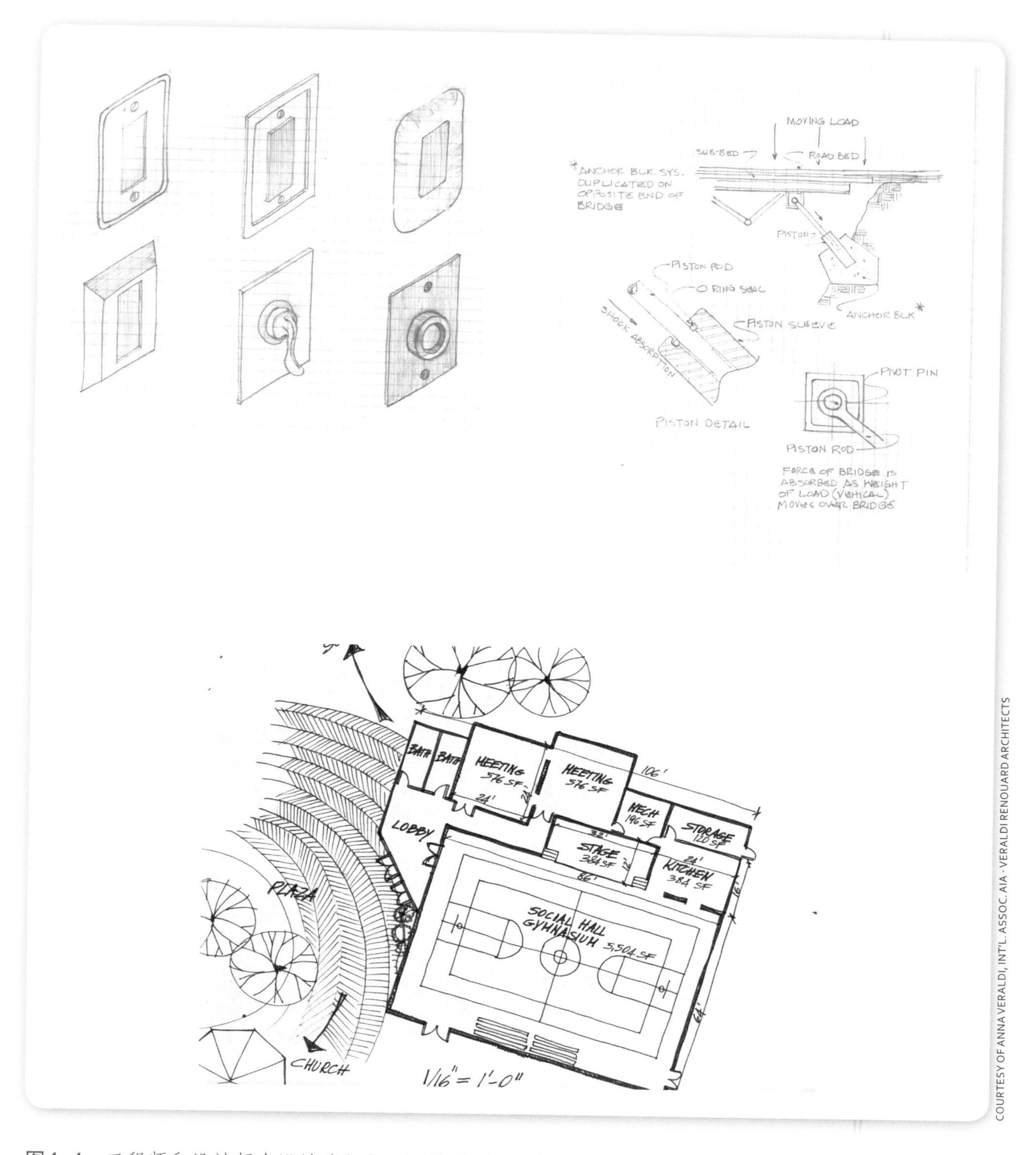

图4-4 工程师和设计师在设计诸如电灯开关盖板、桥梁配件，以及建筑的平面图等产品时，通过徒手绘制草图记录他们的想法。

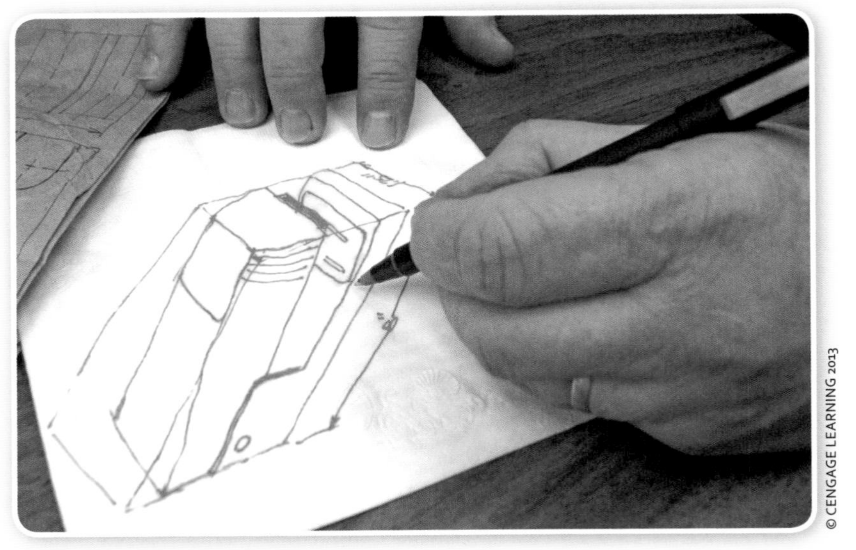

图4-5　无论你在哪里，你都可以徒手作画，快速记录你的灵感。

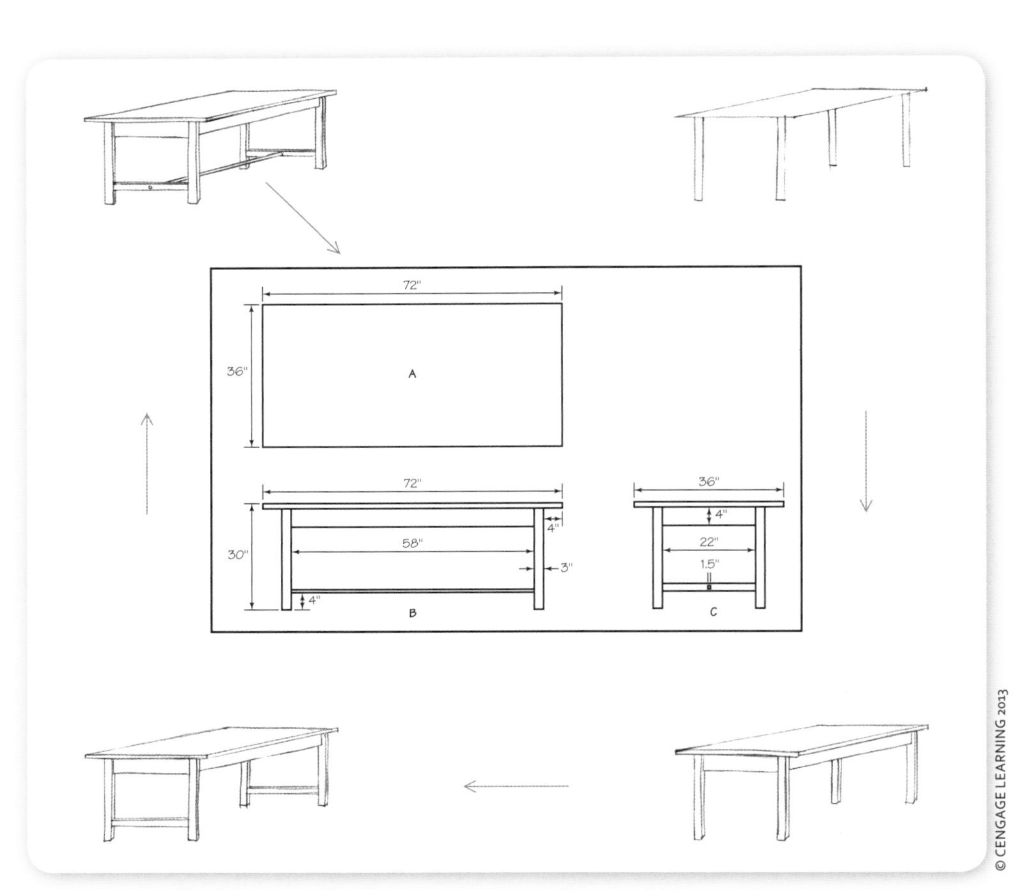

图4-6　工程师和设计师在被称为“构思”或“概念化”的思考过程中徒手画草图。

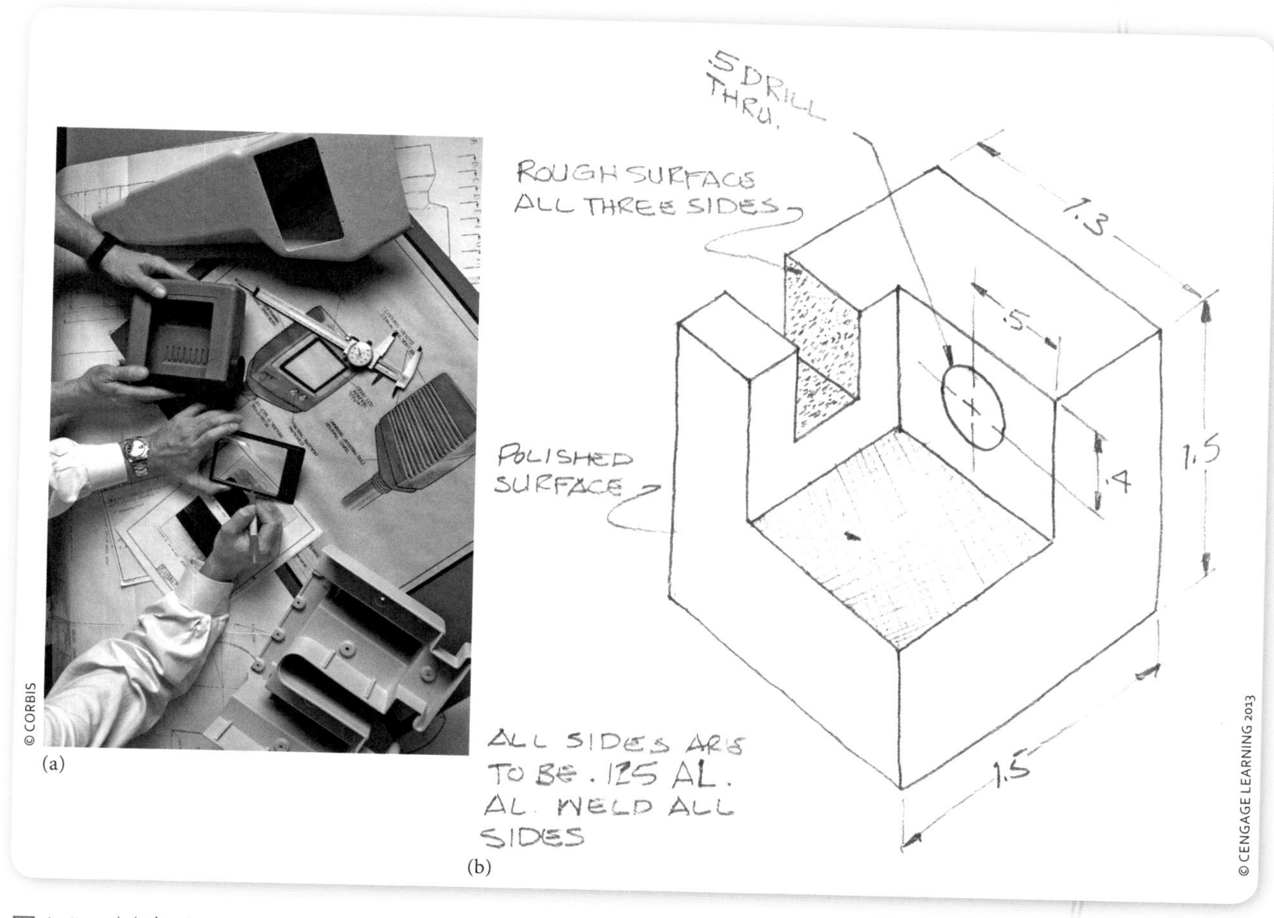

图4–7 (a)在逆向工程中，工程师们分解一个产品，然后测量，画出每一部分的草图，并添加尺寸和文字记录。(b)这个详细的草图展示了注释和尺寸。你能指出哪些是注释，哪些是定型尺寸和哪些是定位尺寸吗？

通过这种方式，设计者或工程师就能够了解一个设备或设备的某一部分的功能。工程师拆卸零件时，每个零件都绘制有草图，草图上添加有文字记录，即**注释**，和给出零件或特征大小、位置的尺寸（见图4–7）。我们将在第6章对逆向工程进行更详细的讨论。

注释（annotntions）

注释是指在工程草图中的文字记录，目的是让看图的人更便于理解。

徒手绘制工艺草图的种类

根据用途的不同，徒手绘制工艺草图可以分为三类：简略草图、细节草图和展示图。

简略草图 通常来说，**简略草图**小而简单，只是传达一个想法所需要的基本细节。它经常用于集体讨论时对灵感的快速记录（见图4–8）。

简略草图（thumbnail sketch）

通常来说，简略草图小而简单，只是表达一个想法所需要的基本细节。它经常用于集体讨论时对灵感的快速记录。

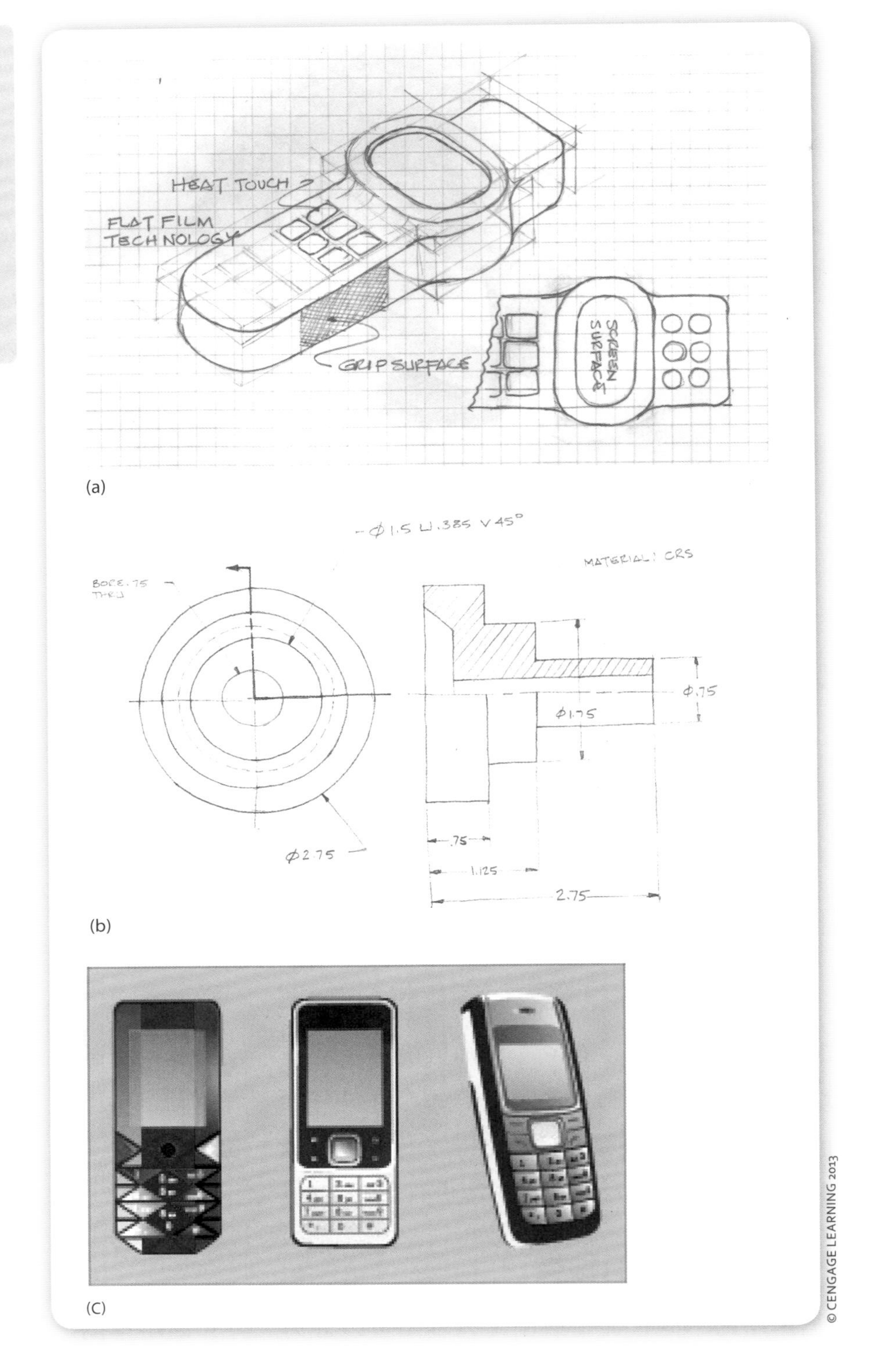

图4-8 工程师和设计师使用的三种类型的徒手绘制工艺草图：(a)简略草图，(b)细节草图，(c)展示图。

细节草图　这种草图用于工程师或设计师想要继续完善简略草图的时候。**细节草图**是包含尺寸、注释和符号的二维草图或三维图。有时为了突出效果，会在草图上添加渐变色或阴影[见图4–8（b）]。

展示图　**展示图**的绘制是非常详细和逼真的。对颜色、表面纹理、渐变色和阴影处理后的图就是常见的**渲染**图。展示图通常是三维（3D）示图，比如等角图或透视图。在第5章你将会学习怎样画这类图。工程师和设计师要做正式的展示时会用到它们[见图4–8（c）]。

第二节：具象化——画图的一个重要技能

具象化是在头脑中形成一个物体图像的能力，徒手绘制工艺草图就是把头脑中的图像记录到纸上的过程。在你能做到这一点之前，你必须学会运用一些具象化的概念。

比例和比例尺

比例和比例尺的运用可以使物体尺寸更准确，看起来也更符合实际。**比例**指的是两个物体或两种尺寸之间的对应关系，通常用一种称为比的数学关系表示（见图4–9）。

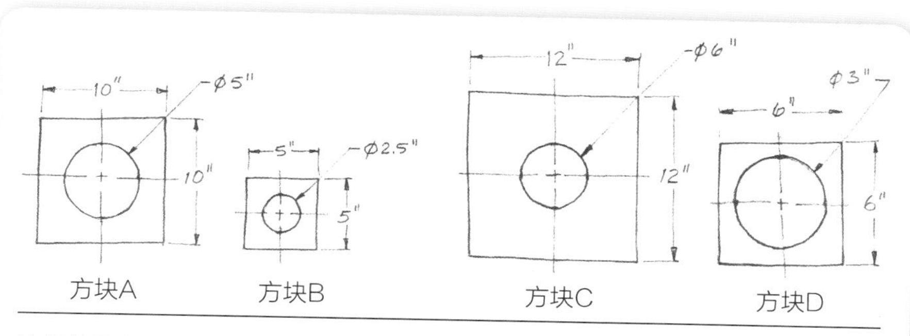

这幅草图表现的是成比例的关系

方块A的尺寸是方块B的两倍，也就是说，方块B的边长是方块A的一半。A中的圆孔直径为5英寸，并位于边长为10英寸的方块高度的一半位置处。B中的圆孔直径为2.5英寸，并位于边长为5的方块高度的一半位置处。我们可以说方块A与方块B是成比例的，并且它们中间的圆孔也成比例。

这幅草图表现的是不成比例的关系

尽管方块D的边长是方块C的一半，但是方块C的面积并不是方块D的两倍。方块C中的圆孔直径标注的是6英寸，但没有画在方块高度的一半位置处，方块D中的圆孔标注的直径为3英寸，但是也没有画在方块高度的一半位置处。我们可以说这两个方块不成比例，并且圆孔也不和相应的方块成比例。

图4–9　比例的概念。

细节草图（detailed sketch）

细节草图是一种徒手绘制的工艺草图，它提供了实物的详细信息，如注释(文字记录)、尺寸和渐变色。

展示图(presentation sketch)

展示图非常详细和逼真，通常是三维(3D)示图，比如等角图或透视图。

渲染(rendering)

渲染是通过对颜色、表面纹理、渐变色和阴影的运用，使所画物体看起来更真实。

具象化(visualizing)

具象化是在头脑中形成一个物体的图像的能力，徒手画图就是把头脑中的图像记录到纸上的过程。

比例(proportion)

比例指的是两个物体或两种尺寸之间的对应关系。

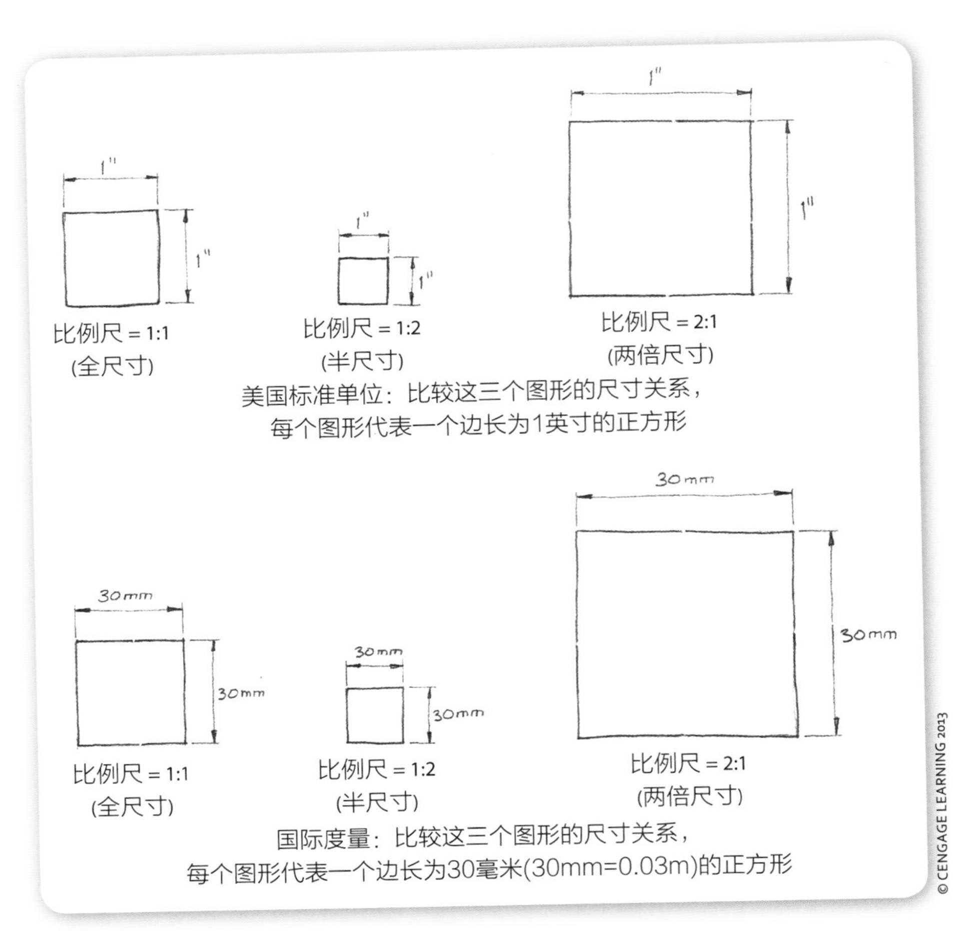

图4-10　比例尺：基于全尺寸的大小关系。

比例尺(scale)

比例尺是指物体的图尺寸与实际尺寸间的数学关系，并以比例的形式表示，如1：2（读做“1比2”），它代表的是半尺寸，又比如1：1（读做“1比1”），它代表全尺寸。

国际单位制(International System, SI)

国际度量（SI），也叫公制度量，是世界上大部分国家都实行的度量标准。（其缩写来源于法语术语，Systéme, International d'units.）

另一个常见的概念是**比例尺**。如果以全尺寸绘制一个图形，那么它的比例就为1：1,（读作“1比1”或“全尺寸”）。如果绘制的图形只有实际物体的一半尺寸，那么它的比例就为1：2（读作“1比2”或“半尺寸”）。徒手绘制工艺草图时，工程师可能需要先画一个全尺寸的图形，然后在同一张纸上画一个半尺寸的图。这样工程师就可以确保这两个图形是成比例的（见图4-10）。注意图4-10展示了两个例子，分别是美国标准单位和公制度量，也叫**国际单位制（SI）**。

工程制图的术语

绘制一幅你想要表达的二维草图，就像写故事一样。字母表中的字母组成单词，单词组合成句子，之后句子再形成段落，从而讲述一

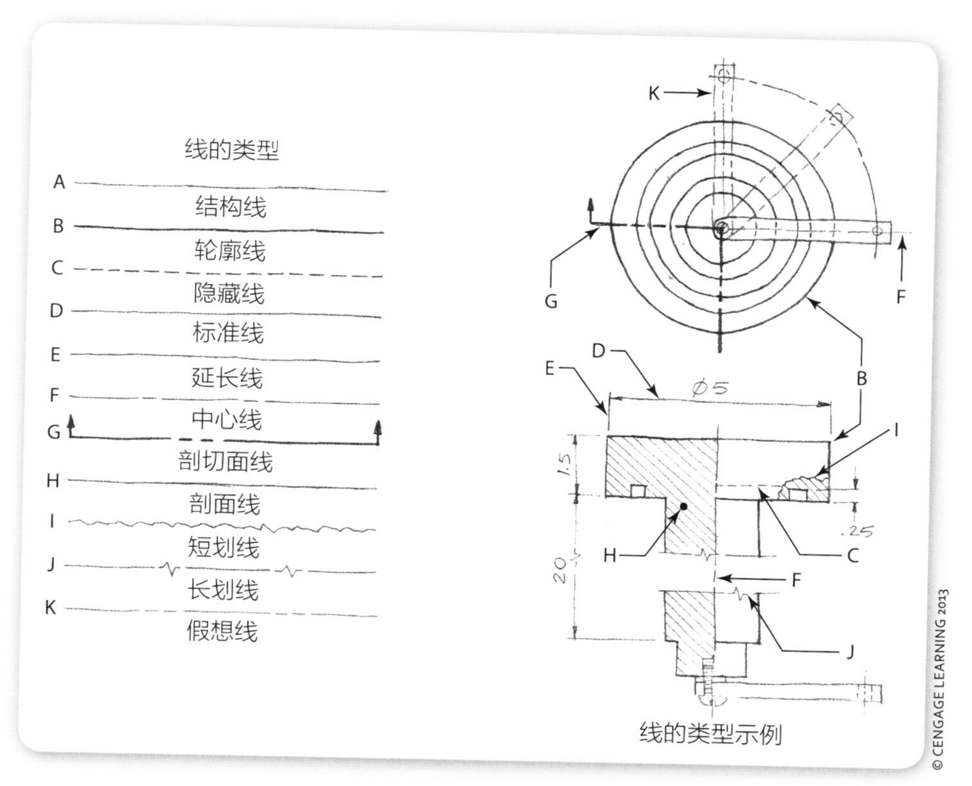

图4-11　线型表示例图。

个故事。工程草图也是这样将 **线型表** 中的线和标记组合在一起，为你的设计提供一个可视的图像。

画工程草图时会用到11种线型，每一种都有特定的含义和用途。把它们组合在一起就能描述一个物体。当你想要描述一个物体时，就像你必须了解字母表中的字母一样，你必须了解各种线的类型。请学习这些线型并熟悉它们的用途（见图4-11）。

线型表（alphabet of lines）

线型表展示了各种类型的线。它们组合成了一个物体的工程草图。

几何学(geometry)

几何学是数学的一个分支，它研究的是空间的性质，包括空间中的点、直线、曲线、平面、面及它们所形成的图形。

几何学语言

徒手绘制工艺草图比画线条复杂得多，你需要理解并运用线与图形之间的几何关系语言。你可能在数学课上学过这些术语。**几何学** 是数学的一个分支，它研究的是空间的性质，包括空间中的点、直线、曲线、平面、面及它们所形成的图形。公元前300年，古希腊人欧几里得首次正式形成了几何学概念和公理体系，下面的几何学术语表现了线和图形之间的联系，也可见图4-12。回顾一下，看看有多少是你已经知道的。

线型表

- ★ **结构线：**浅细线，用来构建一个初步形状
- ★ **轮廓线或可见线：**深粗线，用来勾勒物体的轮廓
- ★ **隐藏线：**深细虚线，表示隐藏面的边缘
- ★ **标准线：**两端有箭头的深细线，用来表示物体或物体上某一特征的方向与尺寸
- ★ **延长线：**从物体上延伸出来的深细线，表示延长线的界线
- ★ **中心线：**深细线，用来表示圆、弧或圆柱体的中心
- ★ **剖切面线：**深粗线（比轮廓线粗），表示此处物体被切开，所看到的是物体的内部结构
- ★ **剖面线：**细线，经常倾斜45°，表示已切开并显露出来的面
- ★ **短划线：**与轮廓线的等深等粗细的波浪线，用来表示物体较小，并且只画出了其中一部分
- ★ **长划线：**带尖角的深细线，用来表示物体很大或很长，并且只画出了其中一部分
- ★ **假想线：**一长两短相互交替的浅细虚线，表示物体可移动部分的不同位置

几何学术语

1. 横线：从左至右画出的水平的线（例如：地板的边缘）。

2. 竖线：从上至下竖直画出的线（例如：墙的侧边）。

3. 斜线：以一定角度画出的直线，它既不是水平的，也不是垂直的（例如：楼梯的扶手）。

4. 平行线：两条方向相同间距始终相等的直线（例如：方桌的两条相对的边）。

5. 垂直线：两条相交形成90°角(常叫做直角)的直线（例如：正方形的两条相邻边）。

6. 切线：与圆或圆弧相交且只有一个交点的直线。

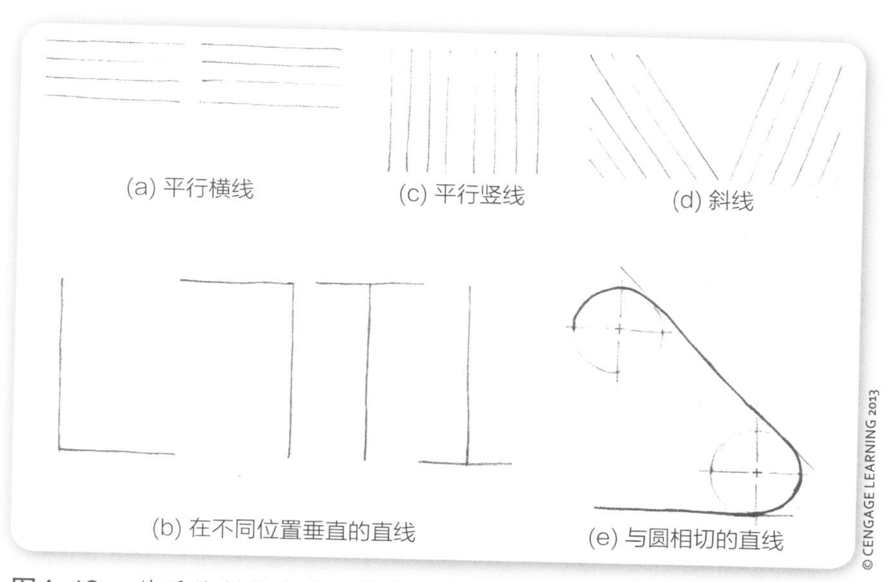

图4-12 徒手绘制具有几何学位置关系的线。

你知道吗？

第一位为数学发展做出重大贡献的女性是亚历山大的希帕蒂娅（Hypatia，公元370—415），他的父亲西昂（Theon）是希帕蒂娅的数学和哲学启蒙老师。西帕蒂娅后来成为了亚历山大柏拉图学派的领导者。她是公认的世界上第一位精通几何学和代数学的女性。

职业聚焦

姓名:

妮科尔 · E. 布朗-威廉斯（Nicole E. Brown-Williams）

职位:

马尔科姆皮尼尔（Malcolm Pirnie)有限公司项目工程师

工作描述:

保证城市正常有效的运行是工程学的一个核心组成部分。2002年，纽约经历了一场严重的缺水事件。妮科尔 · 布朗-威廉斯目前的工作就是重新设计城市的供水系统以防再次出现类似问题。这个项目给她提出了巨大的工程学挑战。

布朗-威廉斯的工作是评估现有的城市地下水系统，并进行改进设计。她的工作内容包括时间安排、经费预算、调研、设计、实地作业、技术写作、测绘、遵守规章制度、不同学科间的协调，以及客户、承包人和转包商之间的协调。同时布朗-威廉斯还不断地向社会团体拓展这个项目。她经常在公开会议中做报告，并积极与团体成员和当选官员合作。

教育背景:

布朗-威廉斯获得了佐治亚理工大学土木工程专业的学士学位。通过学习，她对水处理工艺和水处理系统有了广泛的了解。她能够应对纽约市的土木工程挑战就得益于这些知识储备。

给同学们的建议:

作为国家黑人工程师协会的纽约市名誉校友主席，妮科尔 · E · 布朗-威廉斯极力鼓励少数人种进入工程领域并能有所建树。

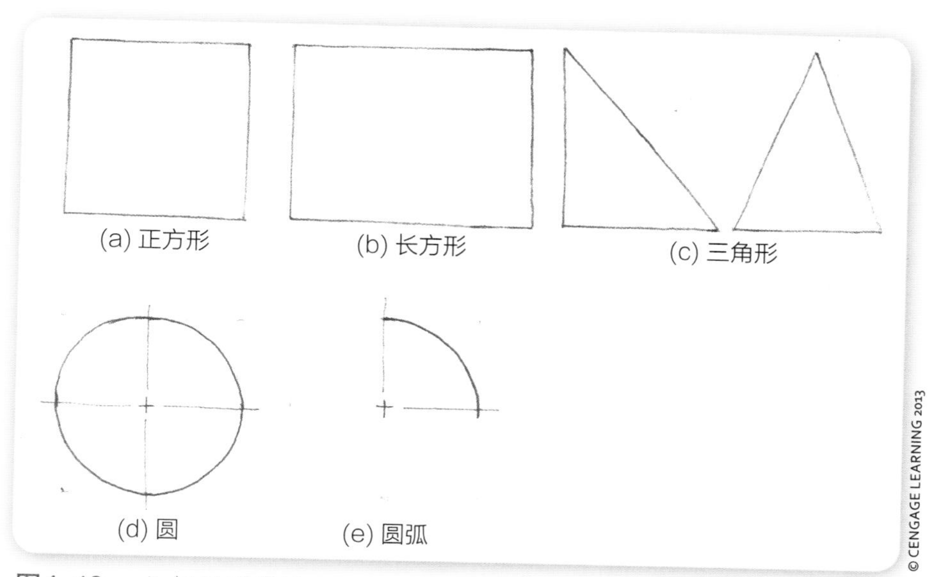

图4-13　几何图形草图。

徒手绘制工艺草图时，了解一些基本的几何图形是很重要的。你还能记起多少种数学课上学过的几何图形（见图4-13）。

几何图形

1. 正方形：四条边等长，对边平行，四个角都是90°（直角）的封闭图形。

2. 长方形：有四条边，对边等长，四个角都是90°（直角）的封闭图形。

3. 三角形：由三条边围成的封闭图形，这三条边形成的三个角之和是180°。

4. 圆：由一条围绕某一中心点360°并保持与其距离（半径）不变的连续的线形成的封闭图形。

5. 圆弧：圆周的任意一部分；圆弧上每一点到某一中心点的距离（半径）相等，围绕中心点的角度大于0°但小于360°。

工程学中的数学

STEM

徒手绘制工艺草图是一种记录图形信息的方法。工程师和设计师设计产品初期都是以草图的形式记录想法和概念的。这些想法和概念就用一些基本的图形——几何图形来表现。对于工程师和设计师来说，了解这些几何图形以及它们彼此之间的关系是很重要的。

几何学无处不在。看看你的周围，一切人工或天然的东西都存在某种几何关系。任何实物都可以简化为点、线，以及正方形、长方形、圆、圆弧、球体、立方体和圆锥体等形状。它们之间的几何关系可以用数学术语来描述，比如笛卡儿坐标系或勾股定理。

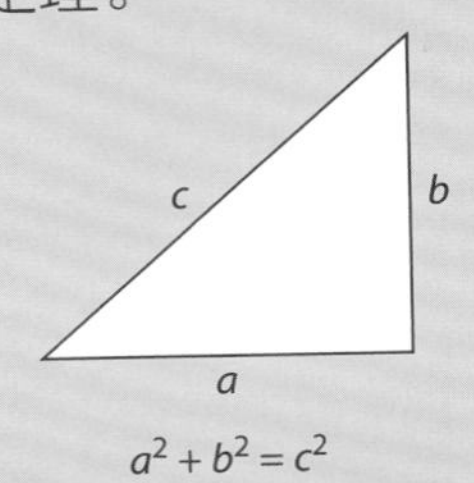

$a^2 + b^2 = c^2$

第三节：画图技巧

你可能会对自己说："我不会画画。我从来都画不对！"徒手绘制草图是一项重要的技能，通过适量的练习，也很容易学会。学习下面的一些简单的技巧，你很快就能学会徒手画图。

首先，记住当你表达你的想法时，整洁是很必要的。如果收音机有背景静电杂音，你能听清里面的音乐吗？同样，当你站在一个拥挤的房间里，并且同时有不同的人在讲话，你也很难听清讲话内容。静电杂音和背景噪声都会防碍正常的交流。杂乱的绘图就像静电杂音一样，会干扰你想要传达的想法。而花点时间画出整洁的草图，你就会是一个成功的沟通者（见图4–14）。

其次，徒手画图的一个主要优势就是它可以很快就完成。练习这项技能可以加快你画图的速度，也能锻炼你清晰准确地表达自己想法的能力。

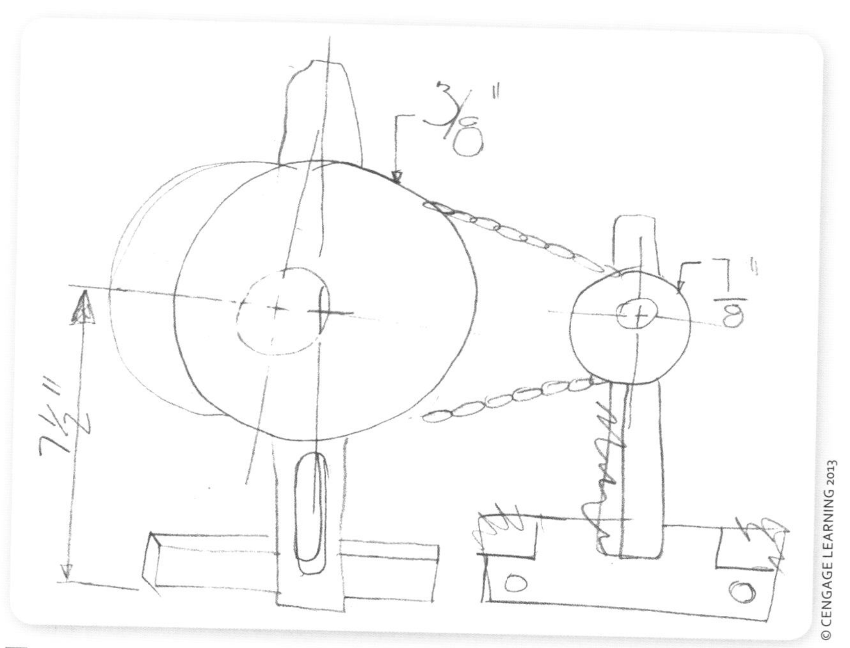

图4-14　混乱的草图会导致无效的交流。

你需要的工具

徒手画图可以在任何地方进行。你只需要一支2B铅笔或更软的石墨铅笔、一块软橡皮擦、纸（网格纸或白纸）及一个坚硬平滑的笔记板。这也是为什么设计师和工程师总是随时带着笔记板或工程师专用的笔记本（见图4-15）。工程师的笔记本通常是一本装订好的本子，纸张带有网格或横线，每页都标有页码，还有一个用来写类似姓名、日期及草图名称等重要信息的位置。这些信息应该用钢笔写，草图则用铅笔画。这个本子将慢慢成为工程师的概念和想法的永久档案（见图4-16）。

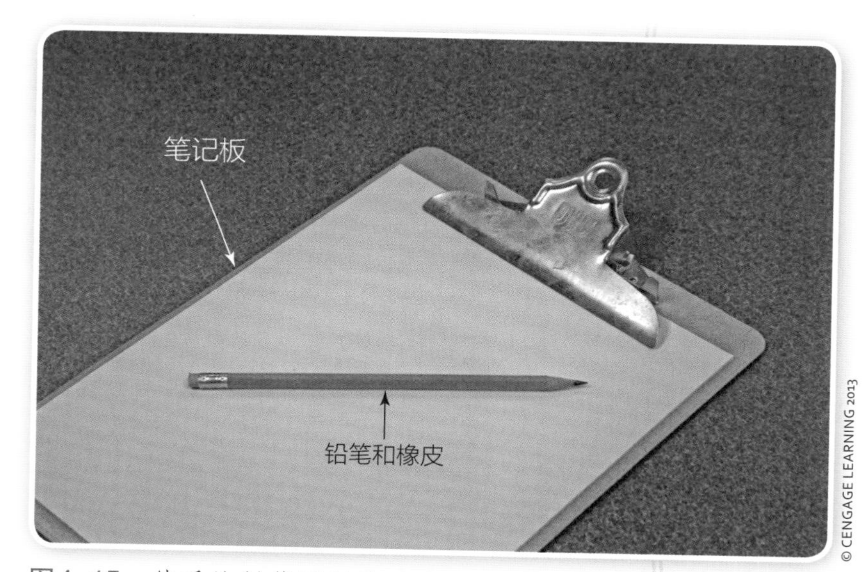

图4-15　徒手绘制草图所需要的工具只有软石墨铅笔、软橡皮擦、纸板和纸。

图4-16 通常情况下都是在空白纸或网格纸上画图，但是当灵感出现时，即使是画在纸袋或餐巾纸上也无妨。

图4-17 握住铅笔，让笔尖指向你的示指延伸的方向。只需轻轻握住铅笔，不要让它从手里滑出去就可以了。

使用笔记板或笔记本时，你可以把纸旋转到任何你需要的方向，比如，你可能觉得画横线比画竖线更容易，那么你只需把画图纸或笔记板旋转90°，就可以水平地画竖线了。当然，当你有了一个好的想法，你甚至可以在纸袋或餐巾纸画图（见图4-16）。

画线

能够自如地控制铅笔是画出一幅漂亮的草图的第一步。如图4-17所示，握住铅笔，让笔尖指向你的示指延伸的方向，握笔的力度只要它不会从你手里滑落即可，这样既会让你的手和胳膊放松，也能使你更好地作图。

学习画实物草图，要从画线开始。画图时要轻一点，这样可以少用橡皮擦，从而节省时间。画完之后，你可以重描你想要的线，使它变得颜色更深，也更突出（见图4-18）。

按照下面的几个简单步骤，你就可以很容易地画出高质量的线条（见图4-19）：

1. 开始之前，把铅笔尖削得钝一点，不要太尖。
2. 先画短线，然后再把它们连接起来形成长线。
3. 连接两点画出线条。在你要画的起点和终点处轻轻地点两个小点。

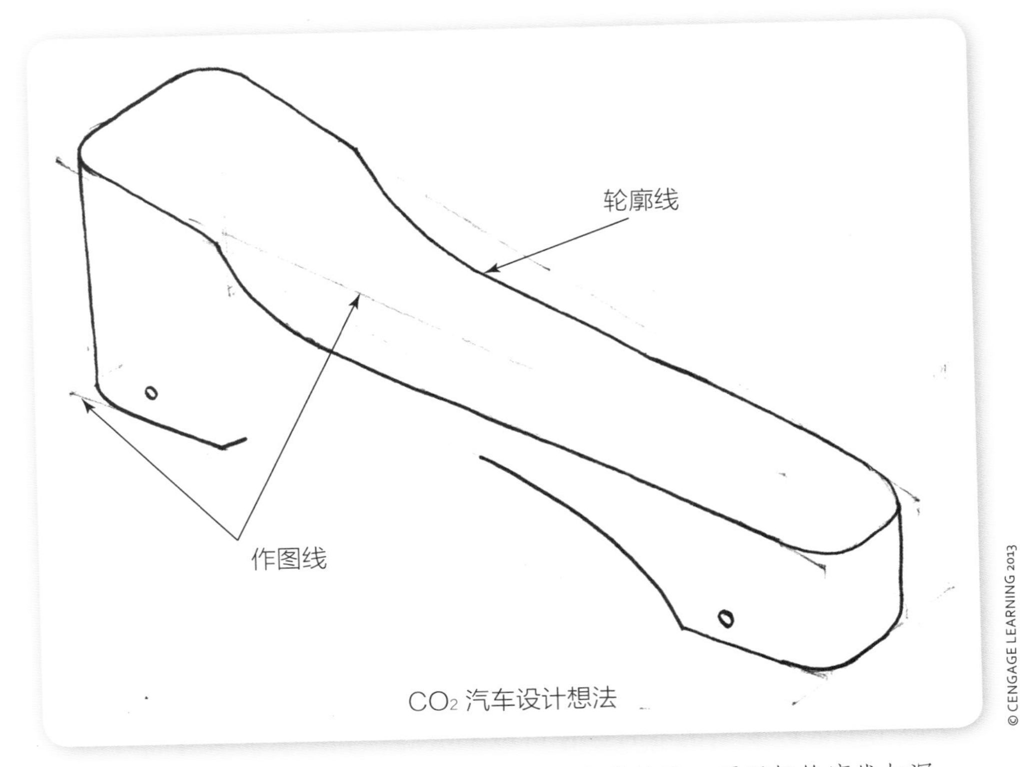

图4-18　一幅徒手绘制的草图，先用细线画出结构线，再用粗轮廓线加深。

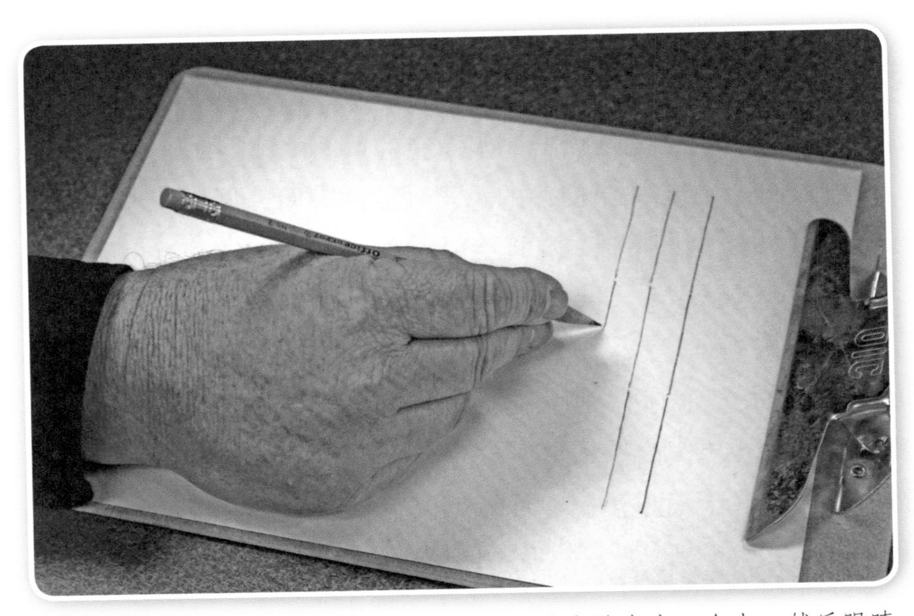

图4-19　开始画线时，先在纸上的起点和终点处各点一个点，然后眼睛始终盯着终点，从起点移动你的铅笔到终点。

4. 把你的铅笔放在起点处，眼睛始终盯着终点——不要往回看！

5. 眼睛盯着终点，移动笔尖到此处。当你的手移动时，手要离开纸面。

6. 画线时，手要与线保持平行。记住，眼睛要一直盯着你要画的终点，不要看移动的铅笔。

画圆弧和圆

按照下面的步骤，你可以很容易地画出漂亮的圆弧和圆（见图4-20）：

1. 开始之前，把铅笔尖削得钝一点，不要太尖。

2. 画两条相互垂直的等长的直线[见图4-20(a)]，过这两条线的交点画两条与之呈45° 的直线。

3. 以交点为圆心，在所有直线上标出圆半径长度的位置（这个半径是圆直径的一半）。例如，如果要画直径为1英寸的圆，那么其半径就是0.5英寸[见图4-20(d)]。

4. 将铅笔尖放在半径的标记位置上，画一个弧到相邻的标记上。记住，弧上的任一点到圆心的距离都等于半径[见图4-20(e)]。

5. 重复步骤4直到八个圆弧相互连接形成了一个圆。记住，为方便作图，你可以旋转你的画纸[见图4-20(f)]。

（a）画两条互相垂直的直线

（b）画两条与垂线成45°夹角的直线

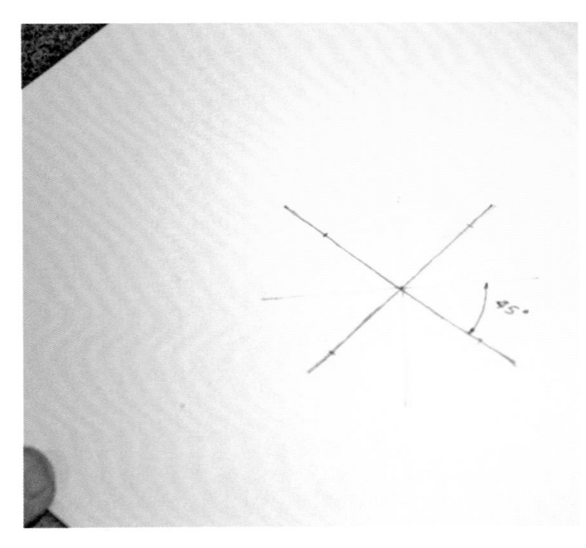

（c）与垂线成45°角的直线

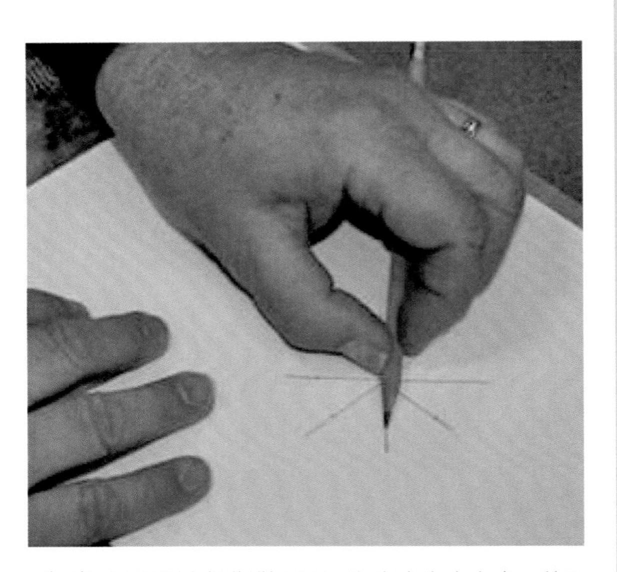

（d）用你的大拇指做尺子，以交点为中心点，使用铅笔在每条线上标出半径长度的位置

图4-20　画圆弧和圆的步骤。

（e） 以手腕为支点，在两个相邻的半径标记点之间画一个圆弧

（f）继续画出每一个圆弧

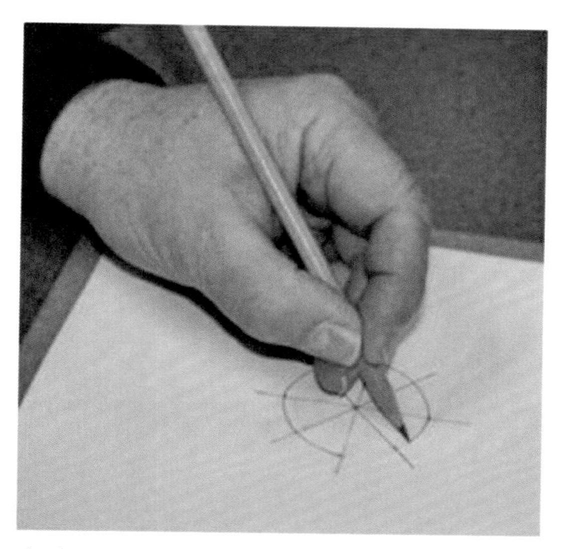

（g）旋转画纸，继续完成剩下的四个圆弧

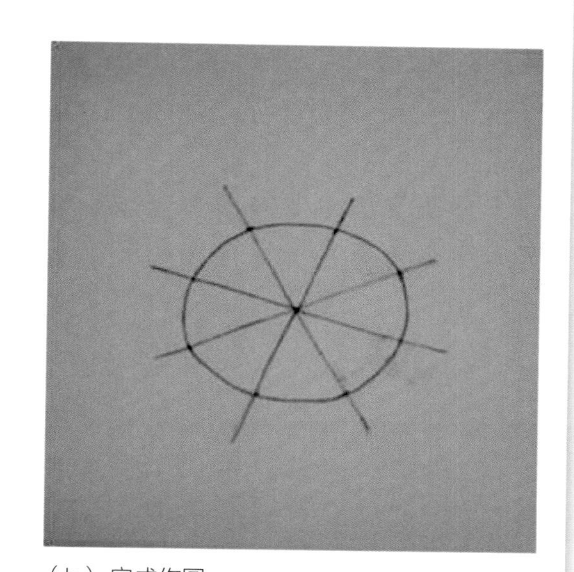

（h）完成作圆

图4-20 （续）画圆弧和圆的步骤。

总 结

在本章中你学习了

- 徒手绘制工艺草图是一种不使用绘图工具和计算机辅助设计系统（CAD）画图的方法。
- 在头脑风暴、记录测量结果和测量过程等设计新产品的过程中会用到徒手绘图。
- 徒手绘制工艺草图可以快速准确地表达出想法和概念。
- 对工程师、设计师、绘图师、CAD操作者、机械操作师及各种施工工种中的人来说，徒手绘制工艺草图是一项很重要的技能。
- 徒手绘制工艺草图有三种类型：简略草图、细节草图和展示图。
- 工程师和设计师在画草图之前，必须能够将物体具象化。
- 工程师和设计师要想准确作图，必须掌握比例和比例尺的概念。

词 汇

用你自己的话给下列词语下定义。然后，把你自己的答案和本章给出的定义进行对比。

徒手绘制工艺草图
注释
简略草图
细节草图
展示图
渲染
具象化
比例
比例尺
国际度量
线型表
几何表

知识拓展

请仔细思考，并写出下列问题的答案和所给任务的完成情况。

1. 对工程师和设计师来说，为什么理解几何学和几何术语对画图那么重要？
2. 讨论逆向工程的优势。
3. 如果一个工程师手绘的草图杂乱无章，可能会导致什么问题？

根据老师的分配，在绘图纸上完成下面的练习。

4. 使用正确的徒手绘图技巧，练习画横线。见图4-21中的例子。

图4-21　使用正确的徒手绘图技巧，从一点到另一点画横线。

5. 使用正确的徒手绘图技巧，练习画斜线。见图4-22中的例子。

图4-22　使用正确的徒手绘图技巧，从一点到另一点画斜线。

6. 使用正确的徒手绘图技巧，练习画竖线。见图4-23中的例子。

图4-23　使用正确的徒手绘图技巧，从一点到另一点画竖线。

7. 使用正确的徒手绘图技巧，练习画相互垂直的线。见图4–24中的例子。

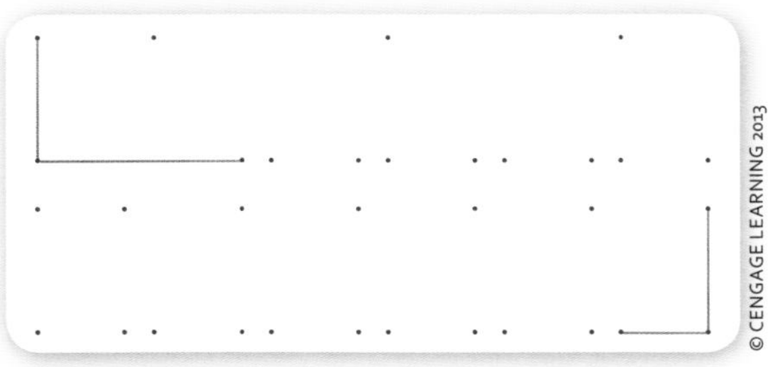

图4–24　从一点到另一点画相互垂直的线。

8. 使用正确的徒手绘图技巧，练习画圆和圆弧。见图4–25中的例子。

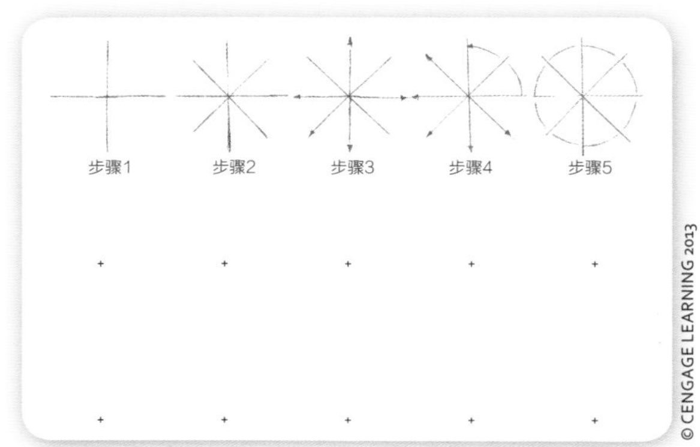

图4–25　画圆的步骤。

9. 使用正确的徒手绘图技巧，练习画正方形。见图4–26中的例子。

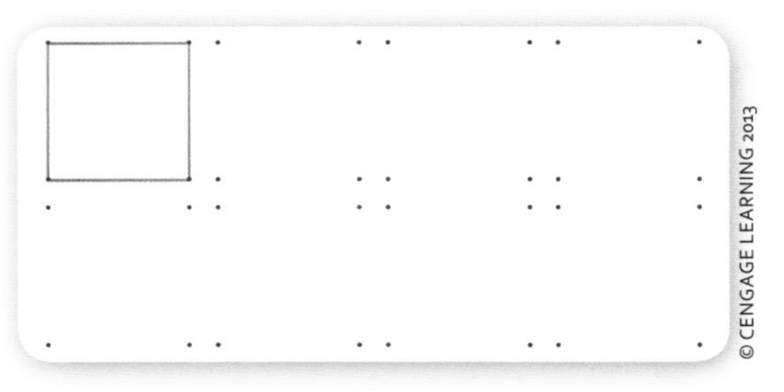

图4–26　以前两行的点为顶点画正方形。以这些正方形的边为基准，在第三行画四个正方形。

10. 使用正确的徒手绘图技巧，练习画长方形和三角形。见图4–27中的例子。

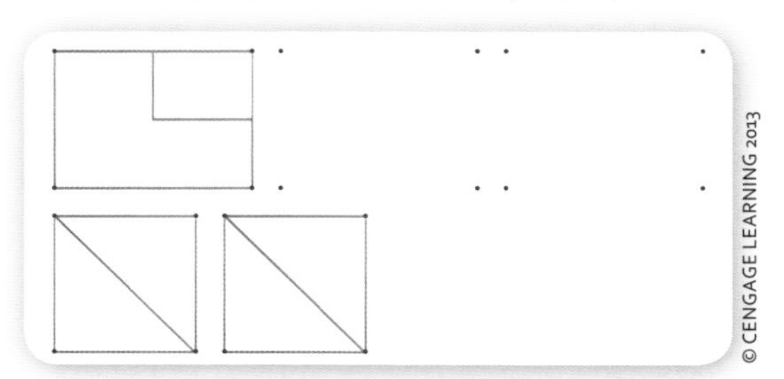

图4–27　在第一行中，画两遍图中所给的有缺口的长方形。在第二行中画一遍图中所给的两个三角形。

工程学挑战

我们日常使用的产品最初只是工程师们头脑中的一些想法或概念。工程师们经常需要处理一些复杂的机械系统概念，以确保他们设计的产品能够达到预期。徒手绘制草图的办法使工程师能够具象化地记录他们的想法并做出初步的设计。这就需要工程师具有基本的作图技巧，并对几何图形有很好的理解。

齿轮箱——一个装有一系列相互连接的齿轮的箱子，就是一个工程师可能需要设计的机械系统的例子。这个箱子必须达到某个最大尺寸，并且包含有一定数量的相互连接的齿轮。假如你是一个工程师，你需要解决下面的设计挑战。运用你在本章中学习的技能和知识，徒手绘制一张你的解决方案的工艺草图。

按照下面的标准，将你的解决方案画成二维草图。

1. 齿轮箱必须宽4英寸，高3.5英寸（4″ × 3.5″）。
2. 齿轮箱内要有4个齿轮，每个齿轮的尺寸如下：
   a. 齿轮1：直径2英寸
   b. 齿轮2：直径0.5英寸
   c. 齿轮3：直径1英寸
   d. 齿轮4：直径0.75英寸
3. 用带圆心的圆表示齿轮。
4. 每个齿轮都只能和一个齿轮接触。
5. 每个齿轮的边缘与齿轮箱之间至少要有0.5英寸的空隙。
6. 所有齿轮的中心不能在同一条直线上。
7. 在每个代表齿轮的圆圈内，分别用齿轮1、齿轮2、齿轮3和齿轮4进行标记。

记得交出你画的最好的那张草图。

附加

齿轮以顺时针(↷)或逆时针(↶)方向旋转。当一个齿轮向某一方向旋转时，与它接触的那个齿轮就向相反的方向旋转。所以，如果一个齿轮顺时针旋转，它所接触的齿轮就逆时针旋转。如果设置齿轮1顺时针旋转，那么齿轮4将会向哪个方向旋转？假设齿轮1顺时针旋转，请在每个圆（齿轮）上用箭头标出它的旋转方向。

继续进入下一章 ▶

第5章 立体草图

菜单

头脑准备

在学习本章的概念时，请思考下面的问题：

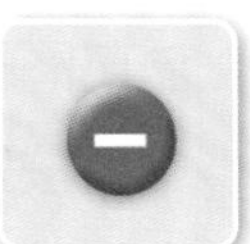

为什么工程师要使用立体草图？

我们如何认识世界上的物体？

什么是立体草图？

什么是轴测图？

什么是等角图？

什么是透视图？

什么是展示图？

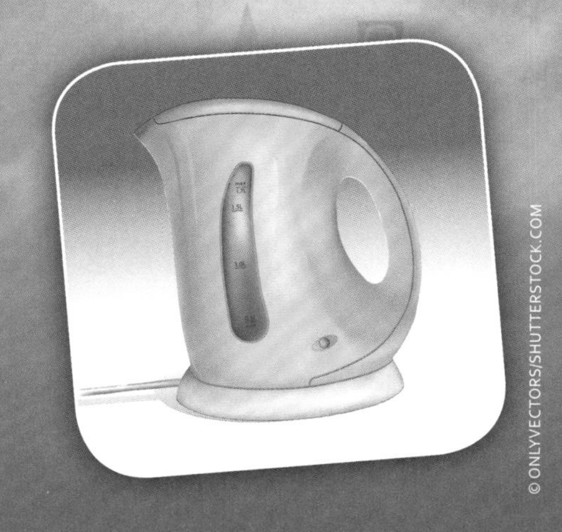

这些展示图表现了设计者对未来大桥和电茶壶的设计想法。

应用中的工程学

工程师经常做正式或非正式的展示报告，目的是解释或维护他们的设计理念或项目。他们做报告的对象可能是一个出资请他们设计一座桥的客户，也可能是正在开发一种新的家用电器的公司委员。这类报告里通常会有展示草图。负责准备这些重要材料(有时也叫做渲染图)的是工程师或工艺插图员。

如第4章所讲，展示图在设计过程中非常重要。想象一下，如果工程师们只能用文字来解释的话，那该有多困难。客户或者委员会成员将会很难理解工程师的想法。展示图可以帮助客户或委员会成员“看到”工程师的想法和计划。

第一节：为什么工程师和设计师要使用立体草图？

在第4章，你学习并练习了徒手绘制草图的技能和方法。你也了解到，包括工程师和设计师的许多人都使用徒手绘制的草图快速准确地表达自己的想法。在这一章中，你将通过学习画三维的物体草图将这些知识和技能运用到实际当中。你也将会了解工程师和设计师如何通过运用立体草图和渲染技术将物体逼真地展示出来(见图5–1)。

我们如何看这个世界

当你看你周围的世界时，物体看起来是平面的吗？你是否能够判断出物体都是有纵深的，或者有些物体离你近一些，而有些物体则离你远一些？当然，你可以。作为人类，我们是在 **三维** 空间下看我们周围的世界的，通常简称为 **3D**（见图5–2）。这是我们的大脑理解我们所看到的物体的天然方式。我们看到的三维分别叫做宽度、高度和深度(见图5–3)。

三维草图是向别人表达想法的最快捷的方式，也是最不可能产生误解的方式。回忆第4章中所讲的：在设计过程中，通畅的交流是最重要的。

三维(3D)草图[three-dimensional (3D)sketching]

在三维草图中，所画物体呈现出来宽度、高度和深度。

立体草图（Cpictorial sketching）

立体草图是一种用三维的方式形象地展示物体的方法。

什么是立体草图？

立体草图 是一种用3D的形式形象地展示物体的方法。与之相对的生动描述方式是用二维(2D)，我们经常称它们为多视点画图。二维图仅仅展示了物体的某个面，但工程师可以利用它们就如何制作物品进

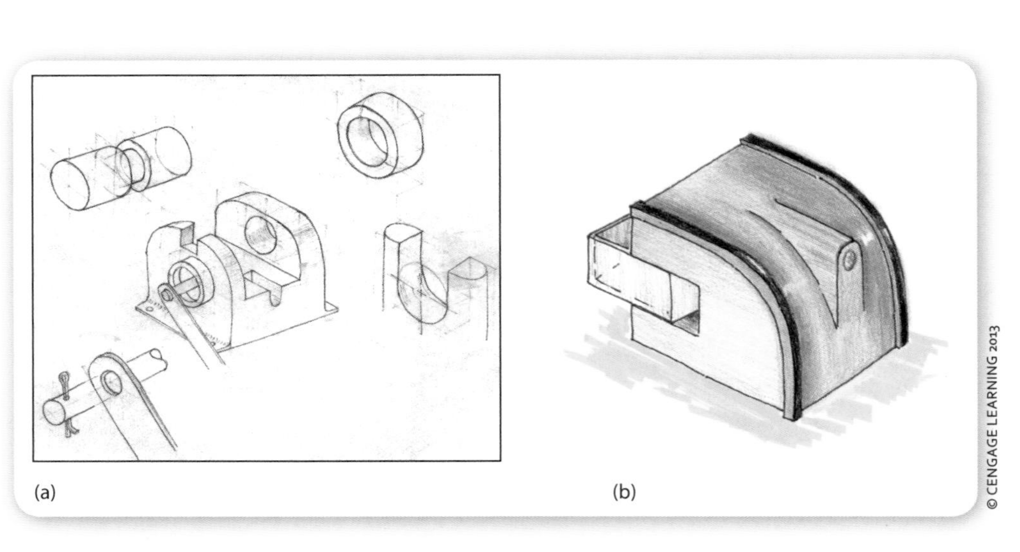

图5–1　工程师画的一个机器的局部立体草图。

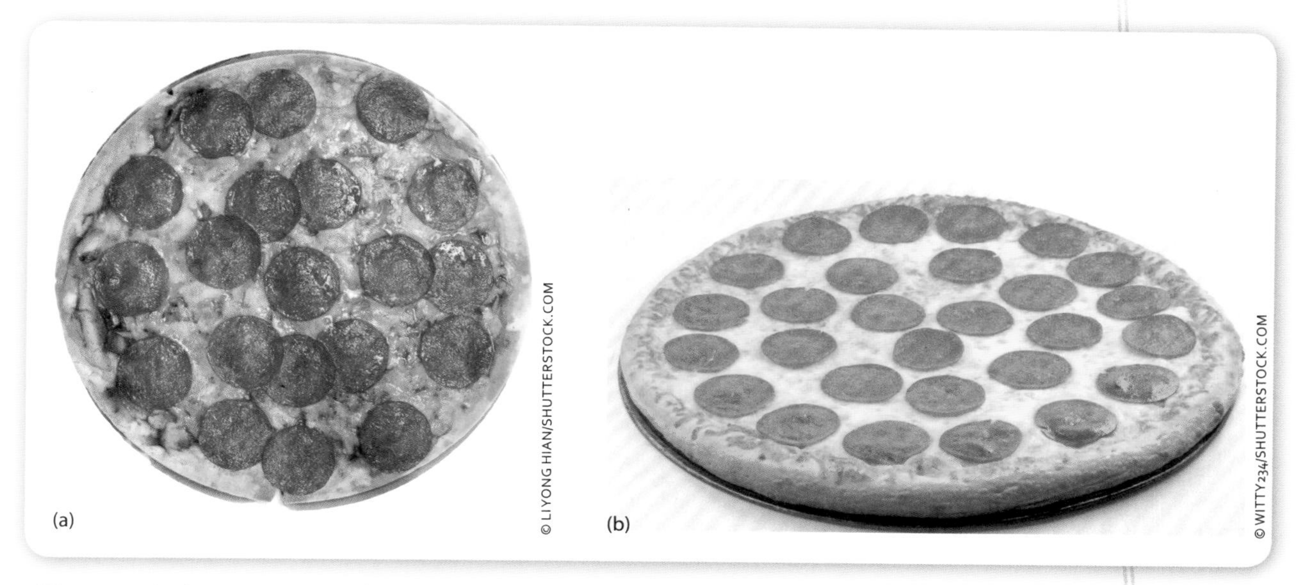

图5-2 （a）2D视图的披萨。注意，你不能看到意大利辣香肠片的厚度。（b）3D视图的披萨。注意意大利辣香肠片的厚度。

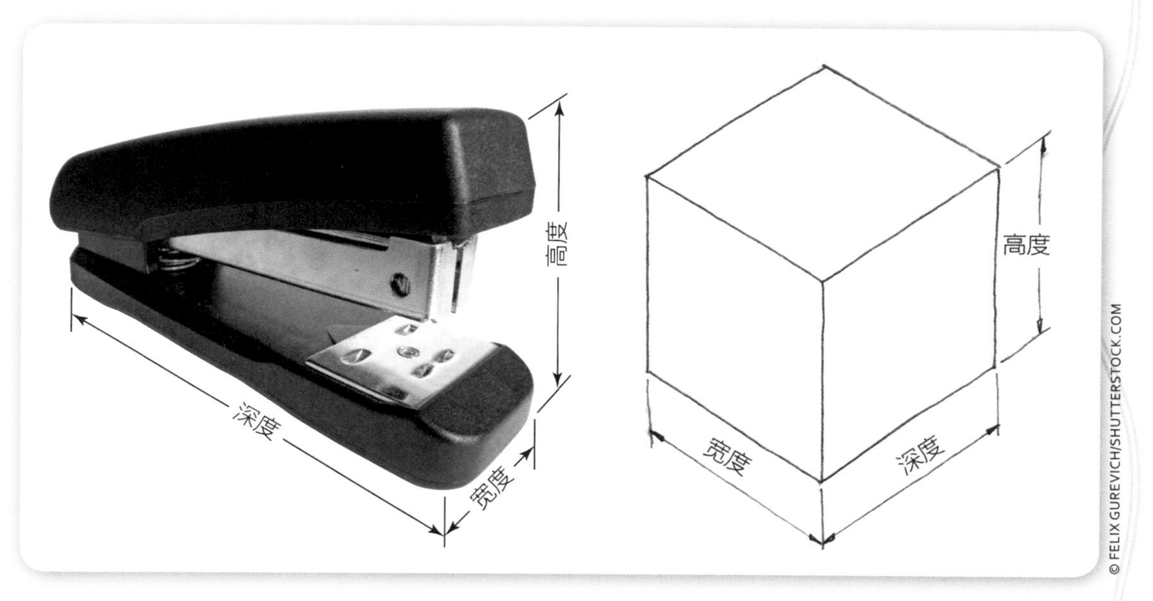

图5-3 我们周围的物体都有宽度、高度和深度。当我们绘制三维草图时，我们也展示出宽度、高度和深度。

行精确的交流（见图5-4）。2D和3D之间也存在数学上的区别。面积的概念——以平方单位进行测量（平方米），是一种2D的数学关系。体积的概念——以立方单位进行测量（立方米），是一种3D的数学关系。看一看图5-4（a）中的3D物体。它看起来就像放在你桌子上的真实的物体一样。在这一副草图上，你可以看到这个物体的宽度、高度

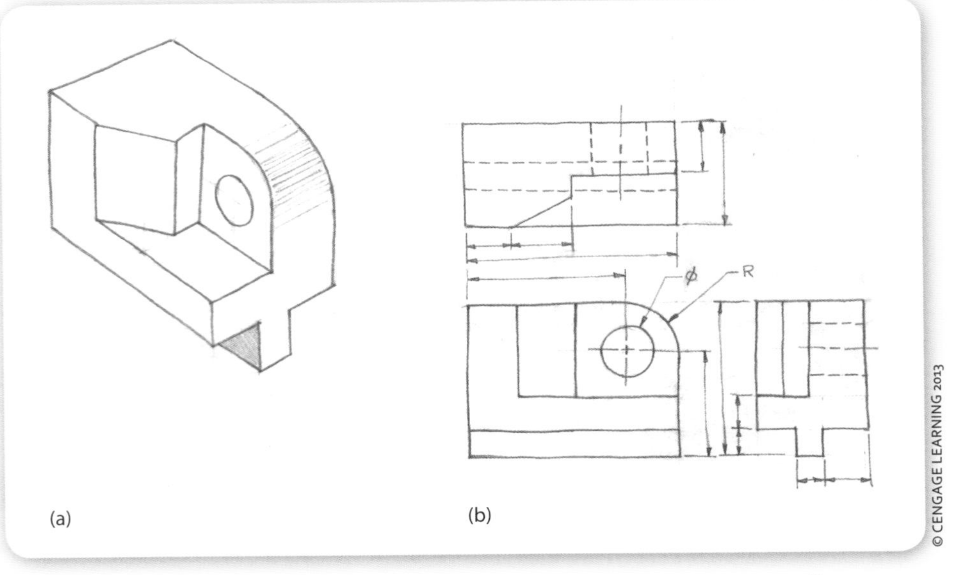

图5-4　（a）一个物体的3D立体素描；（b）一个物体的2D多视点草图。

和深度。现在，看一下图5-4（b）的2D草图。在这种素描的绘画方式中，你仅仅能看到3个面。最常用的视图是主视图、俯视图和右视图。这种2D图画又称为正投影。

平面(plane)
平面是指几何学上的平坦表面。

3D物体的6个侧面　不管是哪种立体草图，每个物体都有6个侧面即视图（也称作**平面**）。这使得看图者能够理解每个侧面的方向及其与其他侧面的关系。这六个侧面分别是前侧、右侧、左侧、上侧、后侧（或背侧）和底侧。前视图是参考视图，其他所有的视图都要根据前视图的位置来确定。然而，不管是什么类型的立体草图，都只须展示出3个侧面。图5-5（a）展示了每个视图（侧面）和前视图之间的关系。视图之间的关系也有助于说明只展示两个维度的2D图画的展开[见图5-5(b)]。

你知道吗？

许多电脑和视频游戏都起源于轴测图、斜视图和透视图的概念。图像设计者需要对这些图像概念有一个准确的理解。

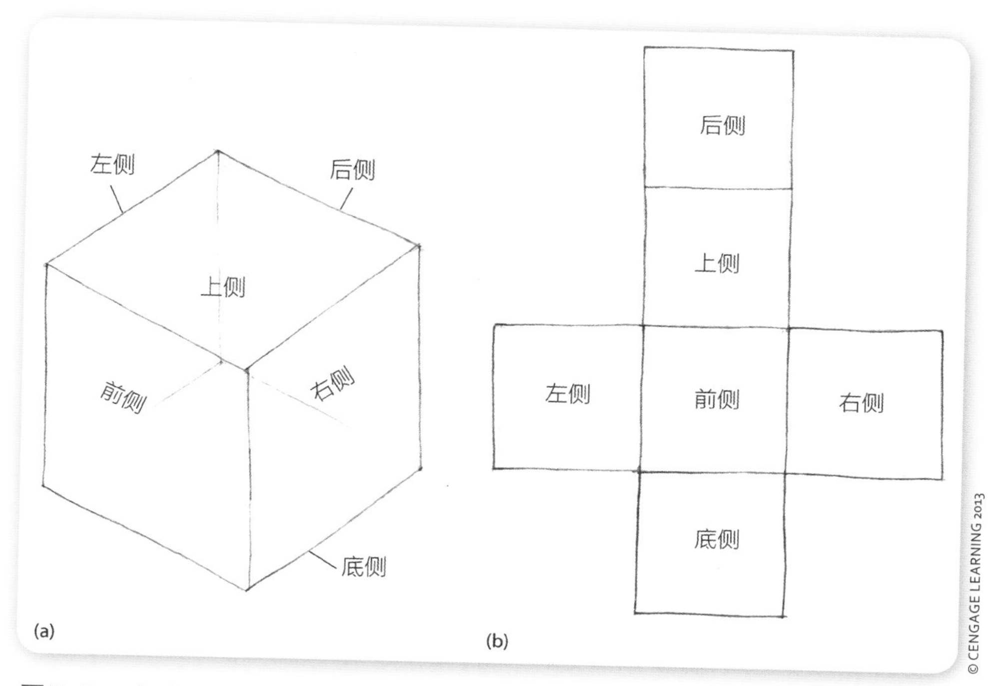

图5-5 （a）一个物体的形状不管多么复杂，都具有6个侧面。（b）任何物体的2D示图都如一个展开的箱子，每个视图依次展示。

立体草图的种类

图像展示分为3种。它们分别是轴测图（意即沿着轴测量），斜视图和透视图。本章将学习其中两种。这里展示的是轴测图大家庭中的一员：**等角图**（见图5-6）。

等角图（isometric sketching）

等角图是一种展示三维物体的方式，有*x*、*y*、*z*三个轴，*x*轴和*y*轴的夹角总是画成120°。

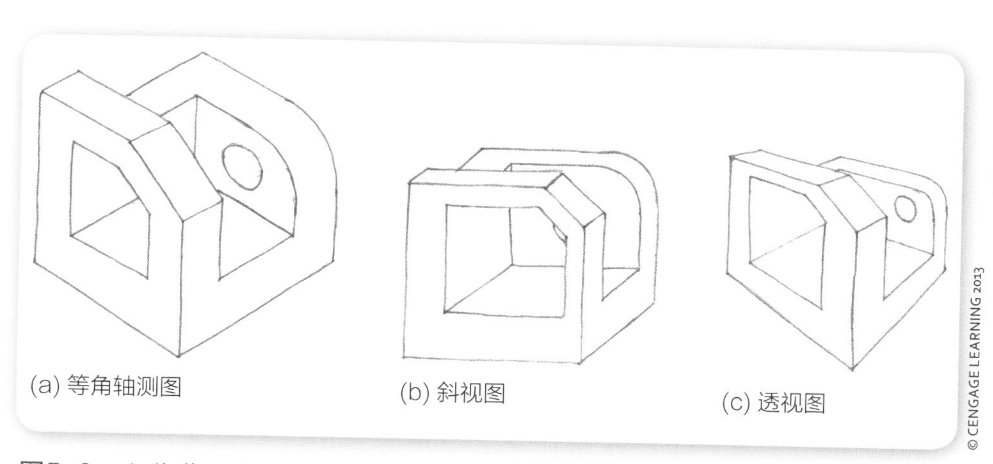

图5-6 立体草图的种类。

等角图

等角图是一种展示三维物体的方式，有x、y、z 3个轴。x轴和y轴的夹角总是画成120° 。这3个轴涉及了笛卡儿坐标系，你们在数学课上应该已经学过了。其中，x轴表示物体的宽度，y轴表示物体的高度，z轴表示物体的深度。我们将在第7章更加详细地讨论笛卡儿坐标系。图5-7展示了这种方法。画等角图时，先画顶部的3条垂线，分别是向上、向左和向右。每条线之间的夹角均为120° 。物体的前视图和侧视图的基线与水平线的夹角为30° 。测量这3条线即可得到物体的长度、高度和深度。

画正方体 学习画等角图的一个简单方法是学习画正方体。记住，正方体是一个每个面都是正方形的三维图形。图5-8展示了画3个单位正方体（3×3×3）的步骤。在第4章中，你学习了几何术语平行的概念。现在是把这个概念用于实际的时候了。在你画图时，要确保每个相对的边是平行的。

等角立方体草图由3个正方形平面组成。

画长方体 画长方体和画正方体类似。实际上，正方体就是长方体的一个特殊类型（记住，它的每一面都是正方形）。一个矩形棱柱有6个长方形侧面，但是相对的两面可以是正方形。请观察图5-8和图5-9，看看正方体和长方体之间的不同。与此同时，注意，画这两个图形的步骤是一样的。

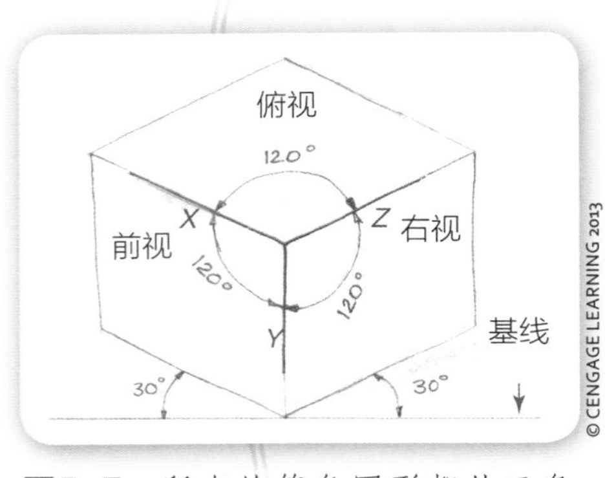

图5-7 所有的等角图形都从三条轴线开始画，这三条轴线经常称为**x**、**y**和**z**轴，夹角均为120° 。注意，物体的底部左右两边分别与水平线呈30° 。

画缺少或增加某些部分的长方体 所有的物体都是以长方体开始的，即使是圆形。这里画一些简单或复杂的图形。画复杂图形的方法是先画简单的图形，再在简单图形的基础上“去掉”或“增加”一些部分。想一想用某种工具——比如锯，将物体的一部分切下来的过程。先切除大块，再一小块一小块地切。跟着图5-10中的步骤，将简单图形转变为复杂图形。

画一个有斜面的长方体 我们知道这个世界并不是由正方体组成的——也就是说，不是所有的侧面都是相互垂直(呈直角)的。看看你的周围，你会发现一些弧形的和倾斜的平面。在等角图中，倾斜的平面叫

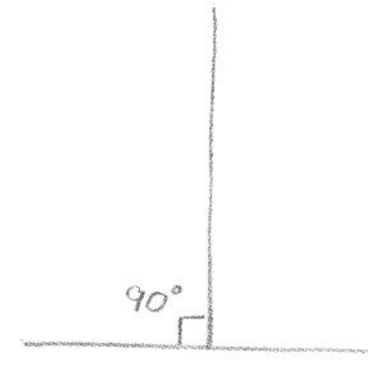

步骤1：画两条相互垂直的直线。

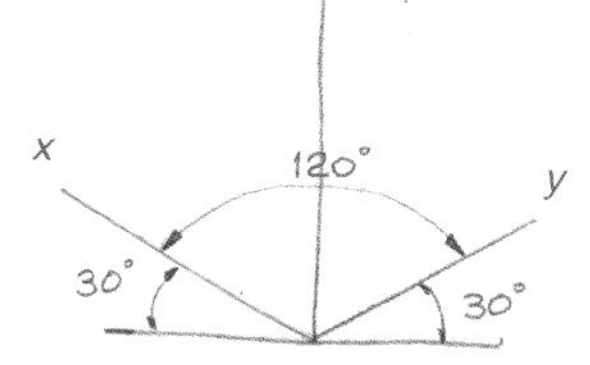

步骤2：按照上面所示的角度画3条等轴线。

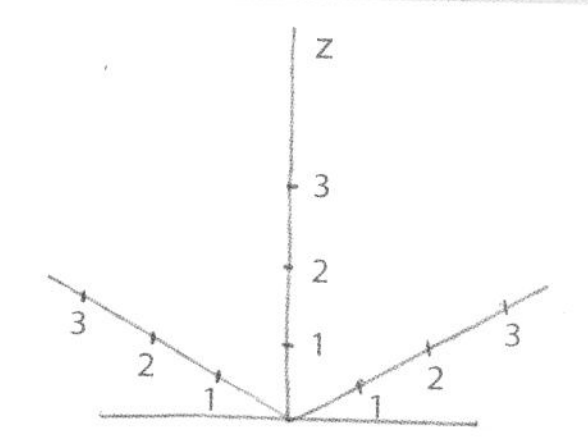

步骤3：在每个轴上标出刻度。

步骤4：画出平行于*z*轴的垂直棱线，并标出每条垂直棱线的高度。

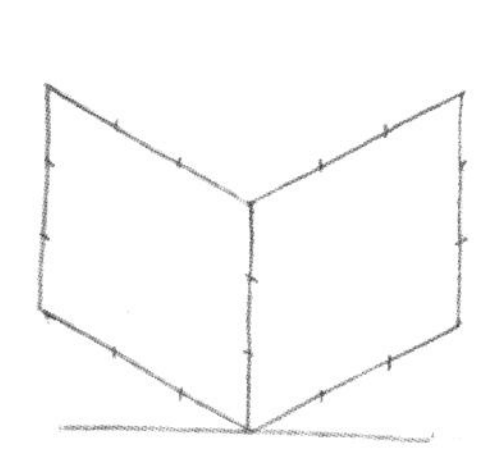

步骤5：画出平面平行于侧面底边棱线的上边缘。

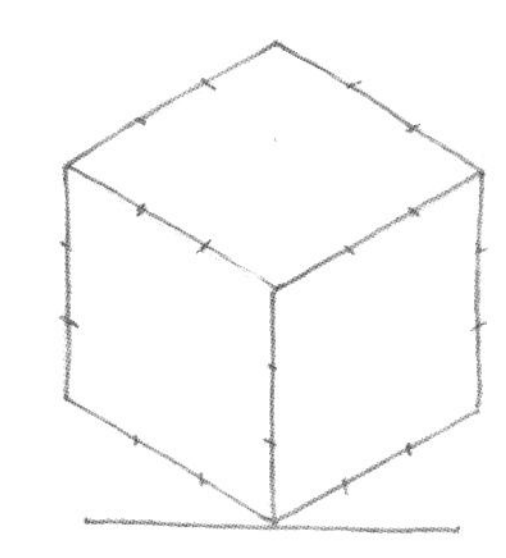

步骤6：画出上侧面后面的两条棱线，它们分别与步骤5中画的两条棱线平行，从而完成正方体画图。

图5-8 画正方体的步骤。

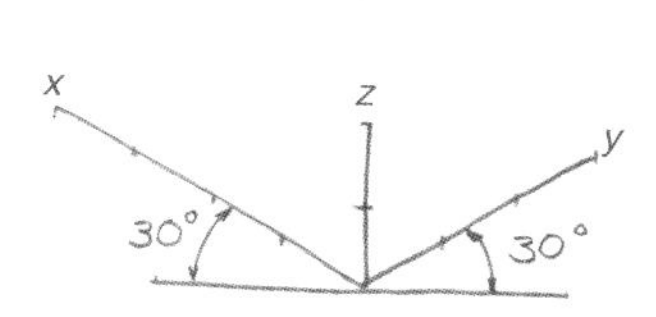

步骤1：按照上图所示画出等角基线，并分别在*x*轴、*y*轴和*z*轴上标出宽度、深度和高度。

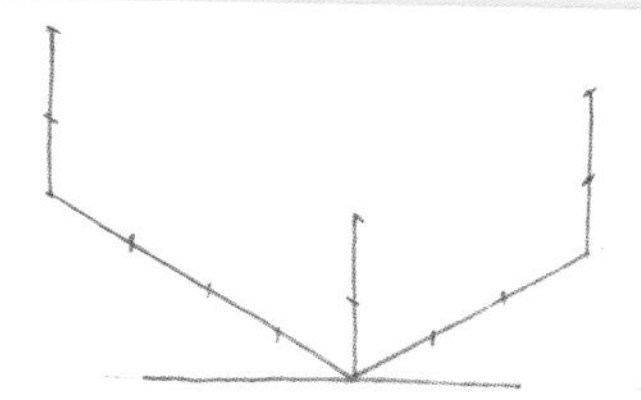

步骤2：分别在*x*轴和*y*轴末端画出平行于*z*轴的垂直棱线，并在每条棱线上标出高度。

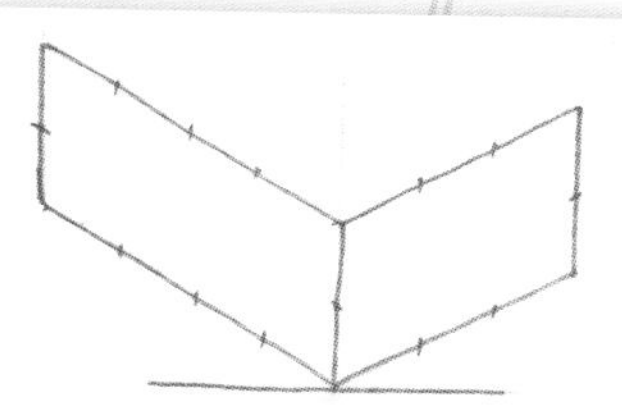

步骤3：画出平行于物体基线的上表面棱线。

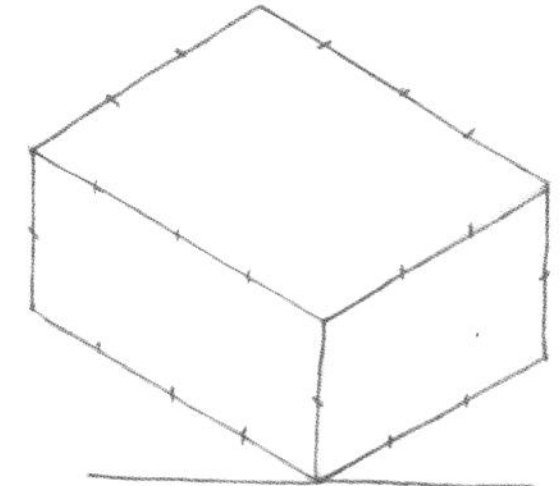

步骤4：画出上侧面后面的两条棱线，它们分别与步骤3中画的两条棱线平行，从而完成长方体画图。

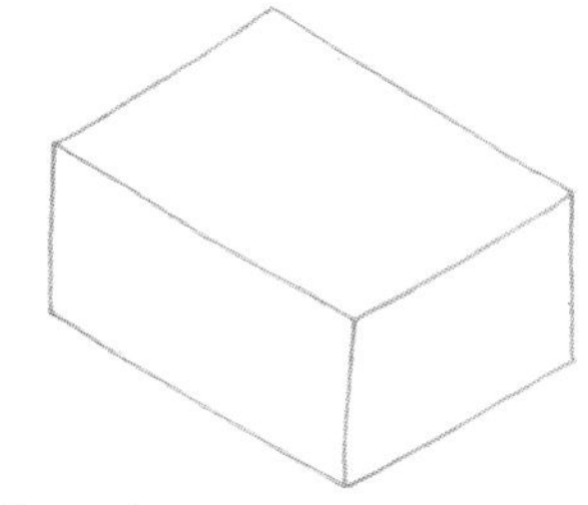

步骤5：如果你的长度标记很轻，那么你就可以结束了。如果它们标得比较深，小心用橡皮擦擦掉，一副完好的草图就诞生了。

图5-9 画长方体的步骤。

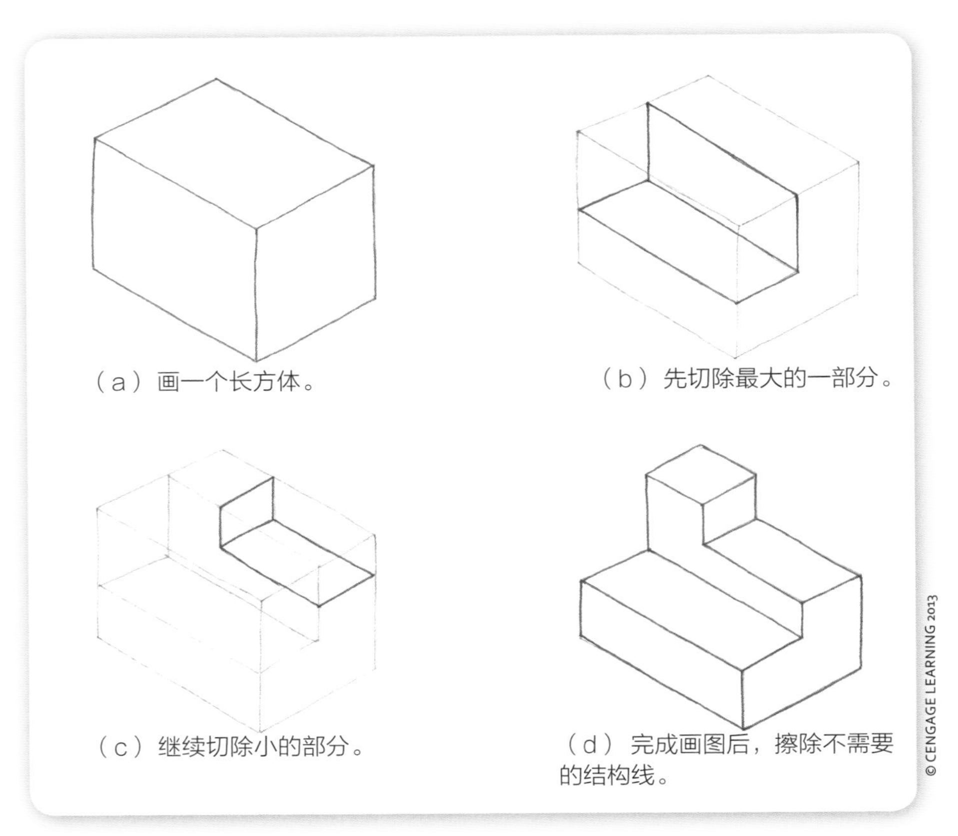

图5-10　画一些简单的立方图形。

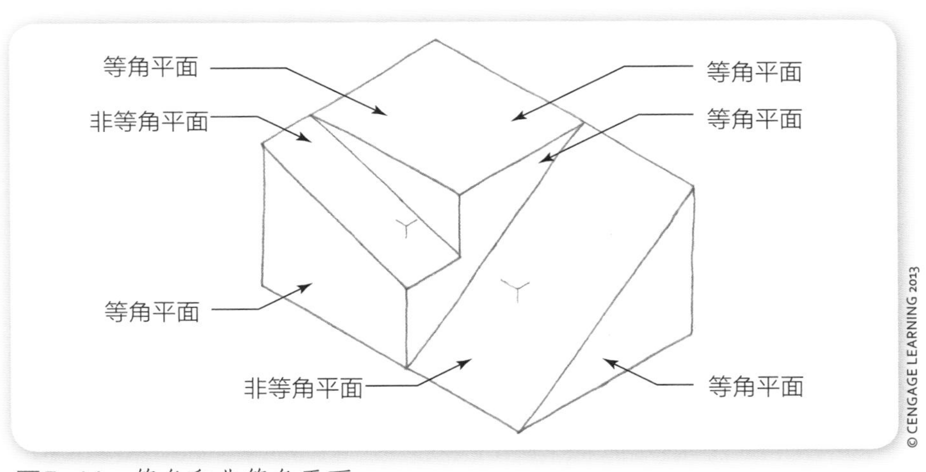

图5-11　等角和非等角平面。

非等角平面（nonisometric planes）

非等角平面是指不在等角平面内的斜面。

做 **非等角平面**（见图5-11）。画倾斜的平面时，先确定平面顶点的位置，然后依次连接这些点。按照图5-12所展示的步骤，观察如何画出倾斜的平面。

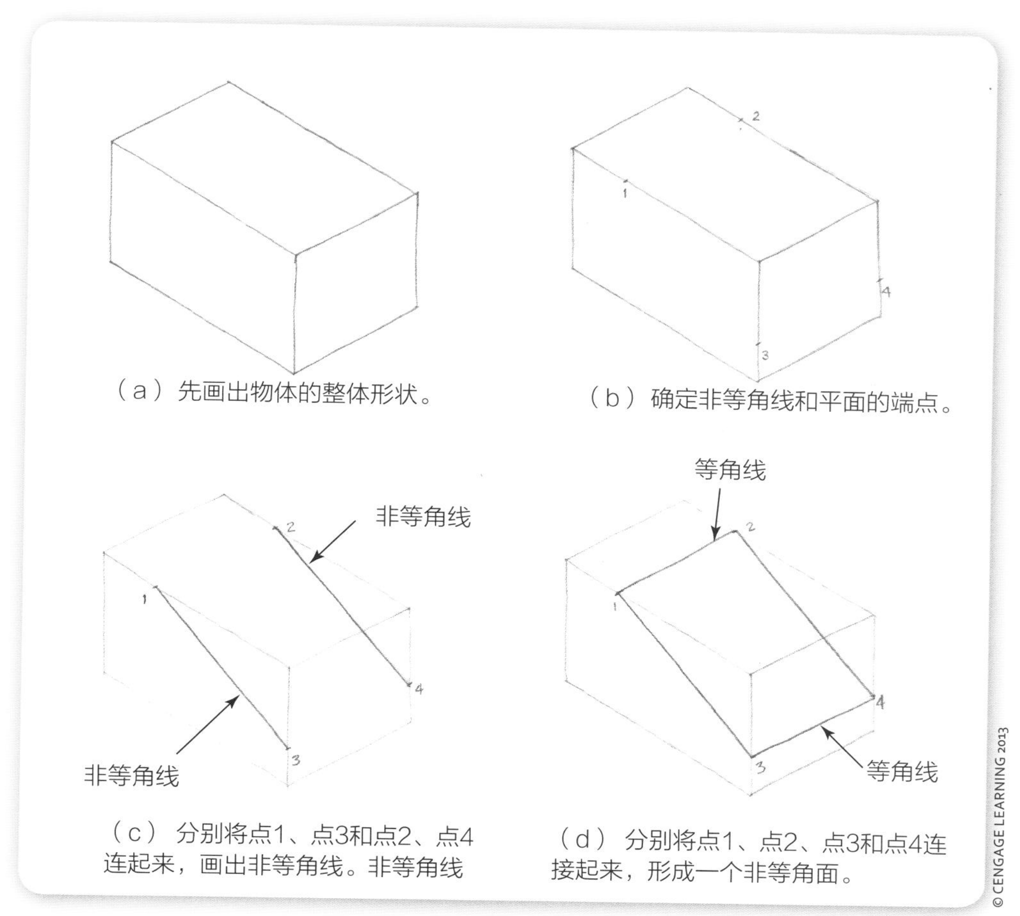

图5-12 画非等角线和非等角面（也叫斜线和斜面）。

椭圆(ellipse)
椭圆是一个压扁的圆。

画等角圆、弧和圆柱体 在等角图中，圆和弧看起来像**椭圆**。简单来说，椭圆是一个“压扁”的圆，它由两条长的弧线和两条短的弧线构成。画等角圆或弧最简单的方法是利用等角正方形。在等角图的不同视角（前、上、侧）所呈现的圆或弧看起来也略有不同。图5-13说明了画每一种等角圆的步骤。回忆第4章的内容，弧是圆的一部分。所以，你要学会了画等角圆，也就学会了画等角弧。

一旦你学会了画等角圆，画等角圆柱体就很容易了。圆柱体是两端像圆形的立方体。当你画出了两个相对的等角圆，你还要用两条与圆相切的线把圆连接起来（记住，第4章定义的切线）。仔细看图5-14，学习从前、侧、上三个视角画等角圆柱体的步骤。

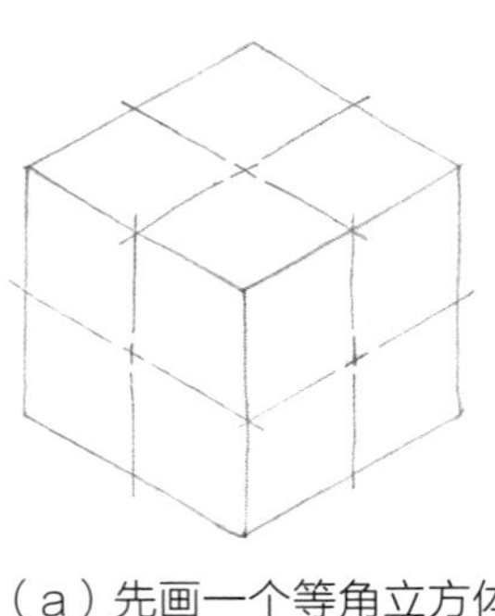

（a）先画一个等角立方体，
并画出每个面的中心线。

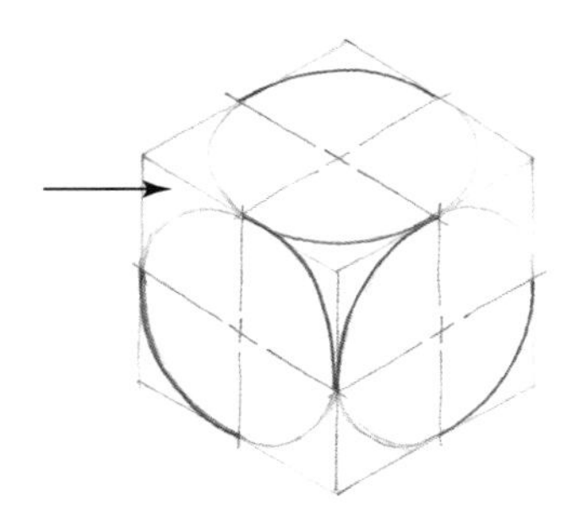

（b）在小角之间画小弧线。

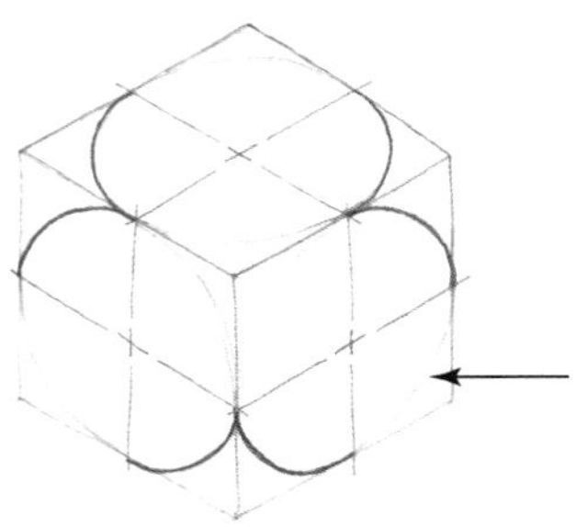

（c）在大角之间画大弧线。

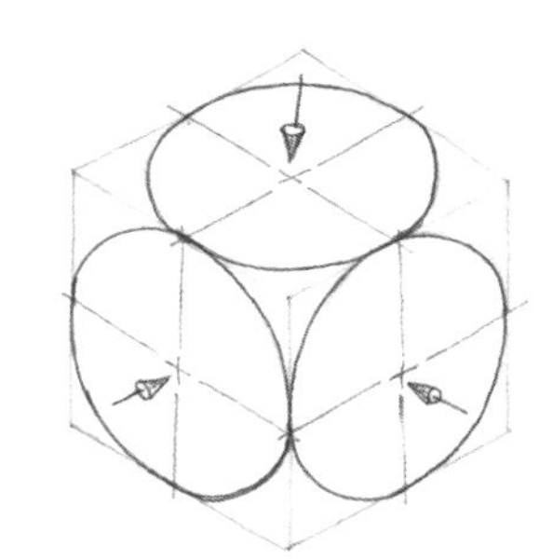

（d）将大弧线和小弧线连接起来形成等角圆。

图5-13　画等角圆和等角弧。

等角孔　等角孔可以看做是圆柱体的相对面。你可以用和画圆柱体一样的方法来画等角孔。只是圆柱体是一个实心材料，而孔则是空心的。图5-15演示了画等角孔的方法。如果孔的长度（也可以叫做深度）小于圆的直径，那你还可以看到这个孔另一端的一部分。但是，如果孔的长度大于圆形的直径，那么你就看不到另一端的孔。

画等角的复杂物体　到目前为止，你已经学会了画一些简单的等角图形，比如：长方体、圆、弧和圆柱体。你也学会了画斜面，或者说是不和六个法向面（前侧、右侧、上侧、左侧、后侧和底侧）相互垂直的面。现在你就可以运用你已经学过的知识，将不同的图形组合在一起，创造出我们所认识的物体了。

所有的物体都可以分割成简单的等角图形。最好的方法就是把物体的每个部分都想象成长方体。这样做之后，你再添加一些像圆、弧或圆柱这样的曲线图形。图5-16一步步展示了整个过程。

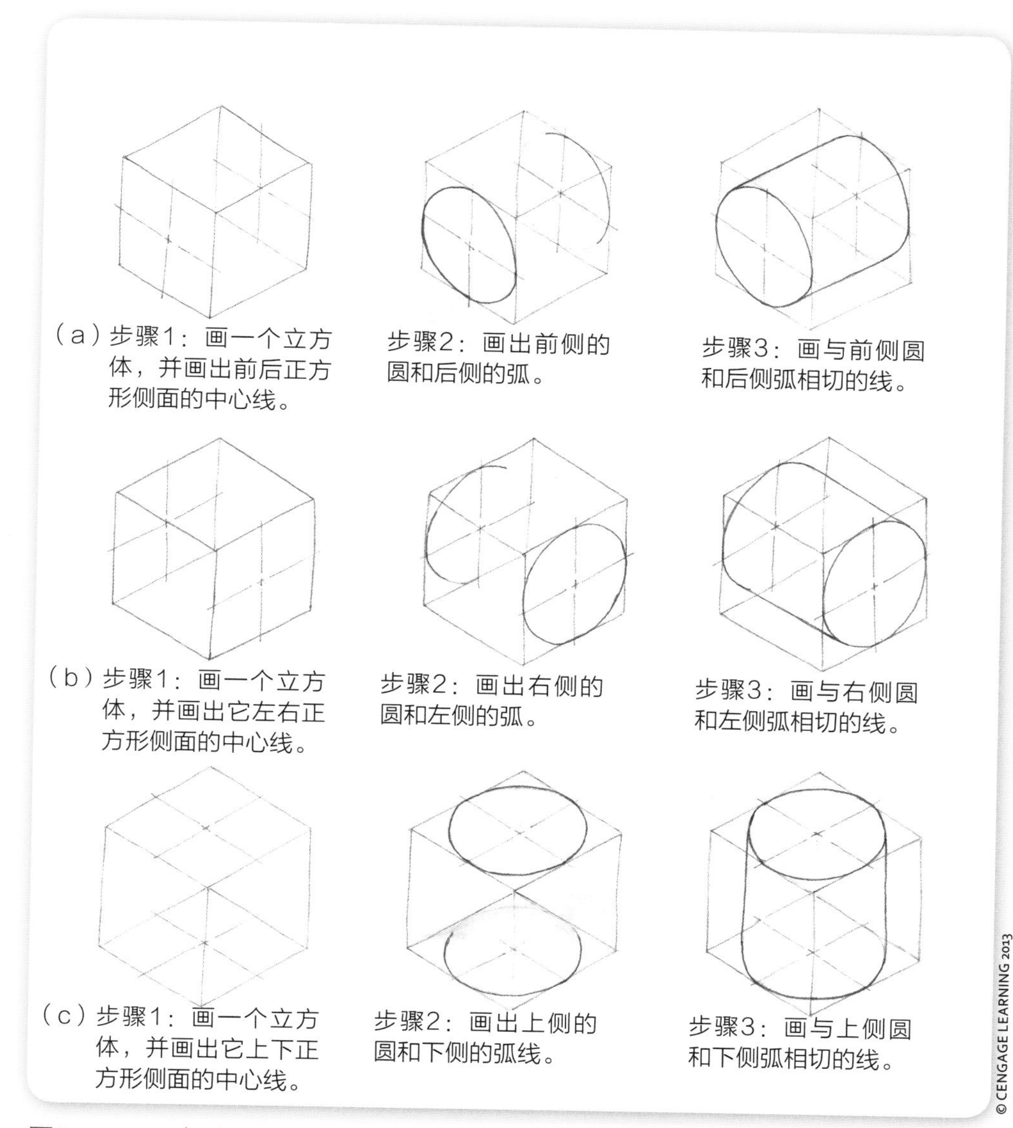

图5-14　画各种圆柱体。(a)正面的圆柱体；(b)右侧面的圆柱体；(c)顶面圆柱体。

透视图

等角草图可以很准确地展示物体，是工程师和设计师的常用方式，但是透视图却是最能形象表现物体的。**透视图** 或 **透视草图** 主要用在建筑学中，以及工程师和设计师的示意图中（见图5-17）。

透视图的概念　当你看一条街道，或一条又长又直的高速公路时，你会很快发现两件事。首先，随着街道或高速公路离你越来越远，道路两侧会看起来越来越近。其次，电话亭和路灯杆看起来也

透视图或透视草图(perspective drawing or sketching)

在透视图或透视草图中，当物体接近或远离观察者的时候，它们看起来变短了，彼此也更近了。

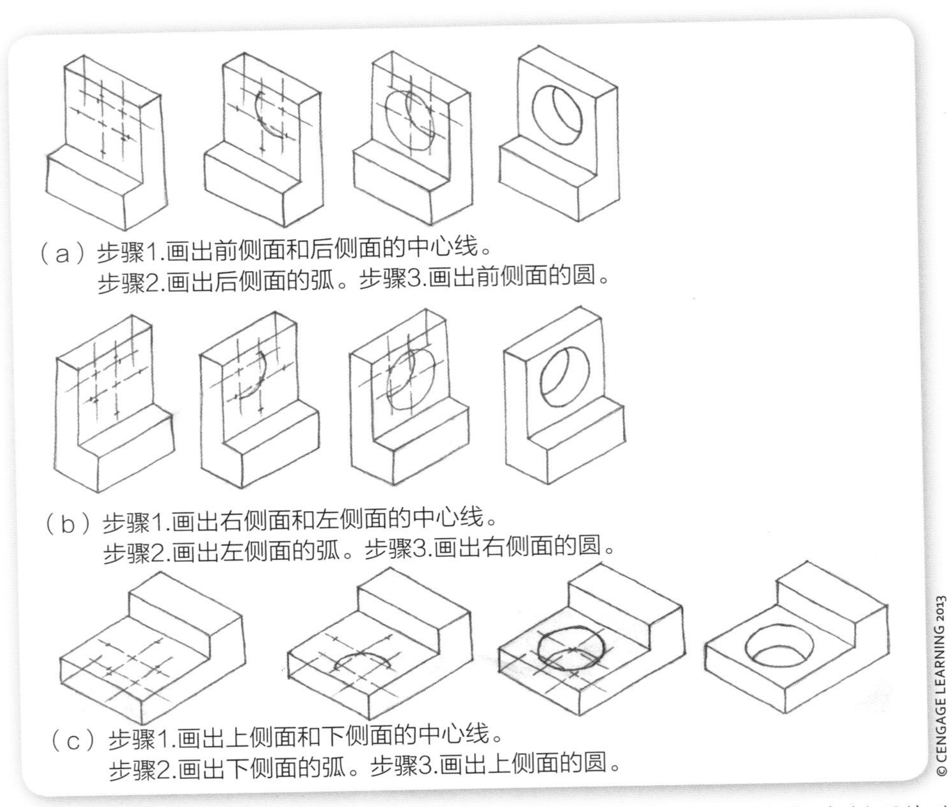

图5-15　画等角孔。（a）正侧面的孔；（b）右侧面的孔；（c）上侧面的孔。

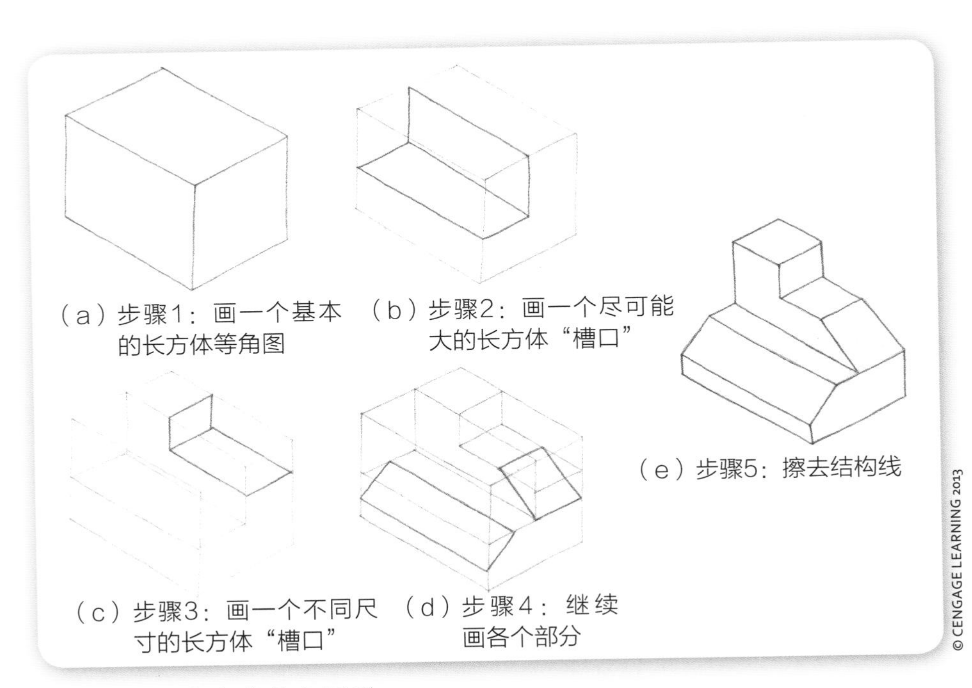

图5-16　画复杂的等角图形。

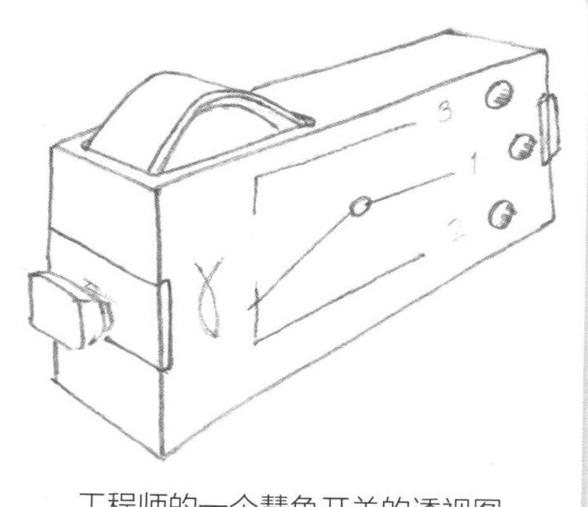

工程师的一个慧鱼开关的透视图

COURTESY OF DAN HOGMAN

图5-17　建筑学和工程师用的透视图。

越来越短，靠得越来越近。树、建筑物等其他物体也同样变得更短和更靠近。这就是 **透视** ，或者说它是我们在真实世界里看物体的距离和深度的方式（见图5-18）。

透视图有4个基本部分。第1部分就是视平线，是一条假想的线，用来表示我们所能看到的最远处的边缘。第2部分是 **没影点** ，是视平线上我们的视线消失的位置。第3部分是基线，或者说是一个人看物体时所站的位置。第4部分是真实高度线，就是在基线上的物体的

透视(perspective)

透视是我们在真实世界里看物体的距离和深度的方式。

没影点(vanishing point)

没影点是视平线上我们的视线消失的位置。

工程学挑战

工程师一般用快速徒手作画来记录他们解决设计问题的想法。开始只是画出一个粗略想法的草图，之后慢慢变成详细的立体图。通常工程师们需要重新设计一个已经开发出来的产品，目的是改善它的功能或外观。这就要求工程师能够快速画出比例草图，以研究这个已经开发出的产品，做出可能的改进。

你们的工程学挑战是找出一个简单的物体，比如水杯或者U盘(也常称作USB闪存)，然后画出它的等角图。你可以测量物体的尺寸，这样你就能够按照一定的比例来画。完成草图之后，根据不同的改进建议，再在同一张纸上画两副等角图在每一个改进的产品上做标注，说明你的改进。记住:画草图时，一定要运用正确的作图方法。当你战胜挑战时，请把你的感受分享给你的同学们。

图5-18　透视是我们看待我们周围世界的方式。(a)注意离你越远，大厅地板和天花板就越窄，寄物柜也更短。(b)注意道路上的线是如何更紧密的，路灯杆是如何变短的。

前边缘。对这条线的任何测量都是符合比例的真实尺寸。其他所有的线都会随着越来越靠近视平线而显著地变小。图5-19展示了透视图的这4个部分。

观察者的透视　透视图通常选取两个不同视角中的一个，选择哪个取决于你想让观察者怎样看这个物体。图5-18（a）和5-18（b）中的学校走廊和乡村道是单点透视。如果你延长每个物体的视平线，它们将相交于一点。

工程学中的科学

透视图是在二维平面上呈现三维物体的方式。构图时要运用基础光学中的科学原理。**光学** 是一门研究光的学科，它包括了人们观察周围世界的方式。从光学上讲，物体会随着距离的增加变得越来越小，越来越模糊。

在这个室内透视图中，越远的物体看起来越小，越模糊。

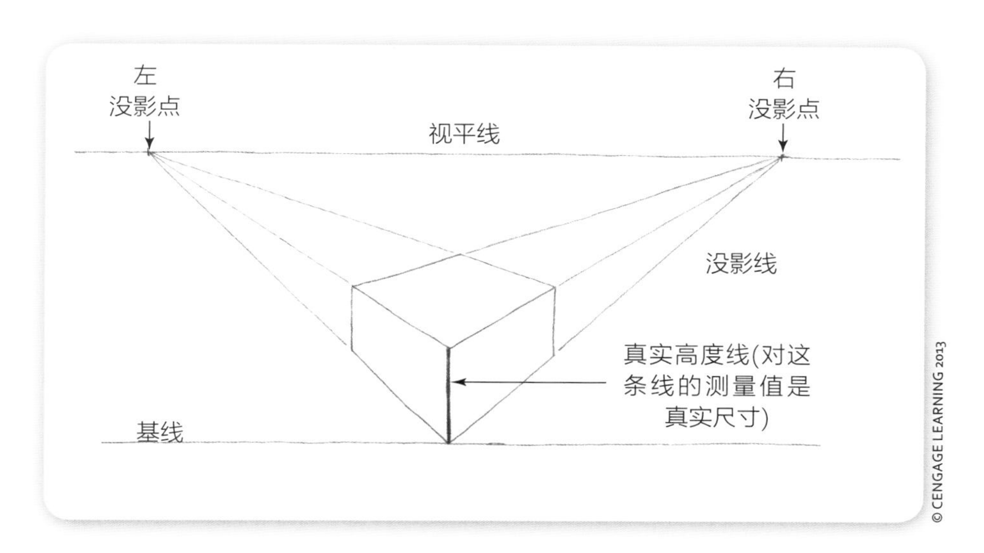

图5-19 透视图的基本部分。

光学（optics）

光学是一门研究光的学科，它包括了人们观察周围世界的方式。

图5-20 这个建筑的视角是两点透视的一个例子。

两点透视（two-point perspective）

两点透视能够使观察者看到物体的两边“消失”在不同的两点。

第2种透视图类型是**两点透视**。这种视图类型可以让观察物体的人看到物体的两端“消失”于视平线上不同的点。例如，物体的前面消失于左没影点，右侧视线消失于右没影点。在图5-20中，观察沿着正面视图的视平线延伸出的物体的视线，将移动至左没影点。而在物体的右侧视图，视线将移动至右没影点。

画单点透视图 单点透视用于你想迎面看一个物体时。从数学的角度上，我们可以说我们正在看的物体垂直于我们的视线：如果我们从我们的眼睛到物体的表面画一条线，线与物体将形成一个直角。

画单点透视图的步骤是很简单。仔细看图5-21中的步骤，理解怎样画单点透视图。

画单点透视圆、圆弧和孔与画等角图相似，要先画一个透视正方体。与各边都相等的等角正方体不同的是，后侧正方形的高度要矮一些，在纵深上，上侧和底侧要比前侧短一些。

你知道吗？

古希腊于公元前5世纪最早发明了原始的透视图。在15世纪早期，意大利文艺复兴时期的建筑师菲利波·布鲁内莱斯基（Filippo Brunellschi）开发了透视画图的几何学的方法。这就是今天的艺术家和设计师所使用的方法。

工程学中的数学

STEM

我们在透视图中使用了数学中比例的概念，以产生离我们较远的物体的错觉（见第4章）。随着距离的增加，所画物体也成比例地缩小。

注意随着柱子越来越远，它们是怎样按比例变得更短更紧密的。

三杆分度测定点　视平线

基线

步骤1：画一条视平线、三杆分度测定点、基线

三杆分度测定点　视平线

基线

步骤2：画出物体的前视图（就是你的垂直视角）

三杆分度测定点　视平线

基线

步骤3：从前视图的每个角到没影点画出没影线

三杆分度测定点　视平线

基线

步骤4：估计物体的后侧。每条线都和前视图的线平行

图5-21　画单点透视立方体的步骤。

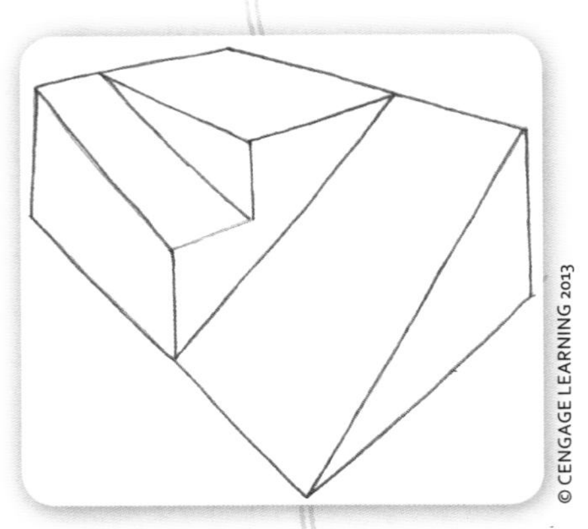

图5-22 工程透视草图。比较该图和图5-11中的等角图。

画两点透视图 当你从一个“角”看物体时会用到两点透视。你的透视视角点会让你看到物体的两边分别向左边和右边消失（见图5-22）。

画两点透视的步骤很简单。仔细看图5-23中的步骤，了解如何绘制两点透视。记住，物体或物体的部分如呈孔状、钉状、槽状、铁钳状（称为 **特征** ）它们越接近没影点，就看起来变得越来越短，越来越紧密。请再看图5-18，观察这个透视现象。

画两点透视圆、圆弧和孔与画单点透视相似。不同点是正面与侧面消失于不同的点。

特征（features）
特征指的是物体或物体的部分呈孔状、钉状、槽状、铁钳状。

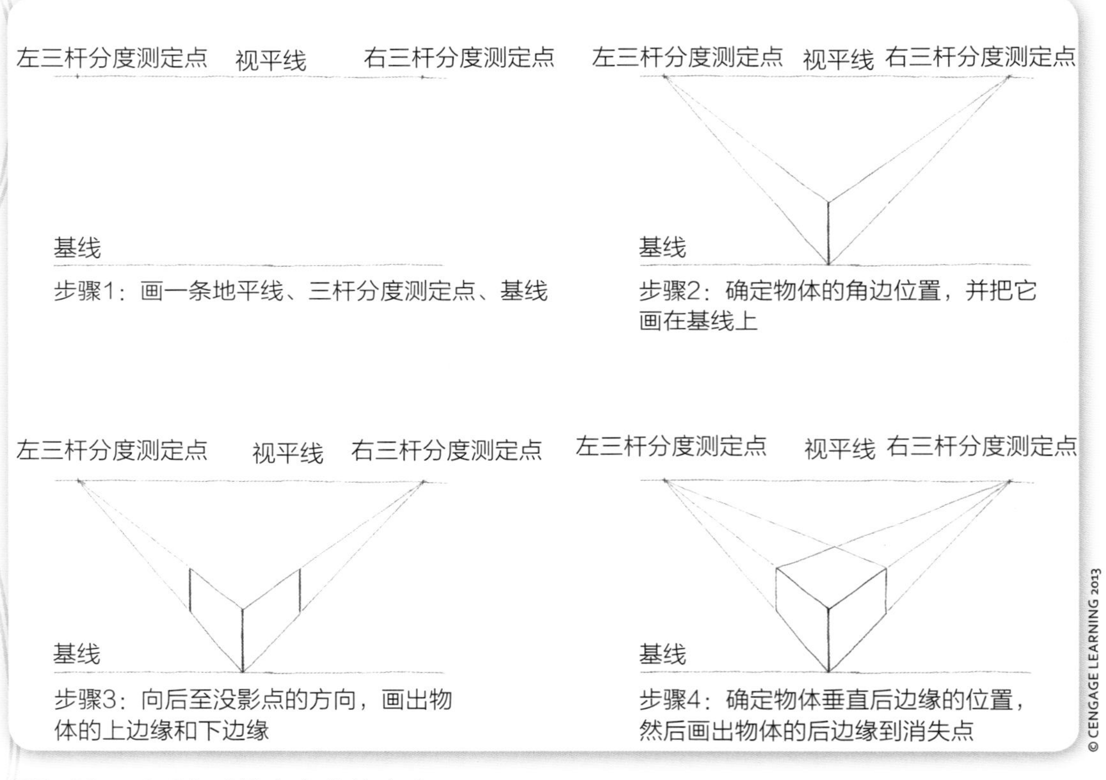

图5-23 画两点透视立方体的步骤。

职业聚焦

姓名:

沙内 · R. 塞沃（Share R. Sevo）

职位:

“超级房子”媒体创意设计师

工作描述:

塞沃的工作是在建造建筑物之前，向人们展示它的样子。这个工作通过在电脑上制做图片来完成。

首先，塞沃从工程师和设计师那里获得建造计划。工程师决定建筑物的功能，设计师决定它的外观。而塞沃在电脑上实现他们的想法，他所用软件与人们制做视频游戏和电影的软件相同。“我需要在虚拟3D世界中作图，以使它们看起来像是真的。”他说。

塞沃经常要处理照片。“根据工程师的建议，我要对照片进行修改，去掉或加上一些东西。”他说。

塞沃完成后，设计师、工程师和客户会看这些照片并判定是否喜欢。如果不喜欢，他们将共同进行修改，再由塞沃对图片作出调整。

“工程师和设计师是为顾客服务的，而我创造了一个帮助他们交流的工具。”他说。

教育背景:

塞沃毕业于锡达维尔大学，获得了机械工程学士学位。在学校时，他喜欢课余时间在电脑上制作图片。毕业之后，他找到了一个把他的工程学背景和电脑制图的爱好结合起来的办法。

“我做的是我喜欢的电脑制图，”他说，“但我为工程师做的，因为我能理解他们与顾客以及工程师之间交流时所面对的困难。所以我可以发挥我的两个特长来为他们服务。这也给了我一个同时运用我受到的教育和爱好进行创作的机会。”

给同学们的建议:

塞沃强烈建议学生选择他们喜欢的学科，然后寻找一个方法把兴趣转换为职业。“学习你感兴趣的，”他说，“学习怎样把你喜欢的事做得够好，这样你才能用这些技能为其他人服务。”

第二节：展示图

工程师或设计师常用展示图或渲染图给予产品图一个更加真实的外貌。渲染图能够帮助非专业人士更好地了解产品生产出来之后的样子（见图5-24）。这种绘图方式也用于期刊、报纸、产品目录册甚至是电视广告中。

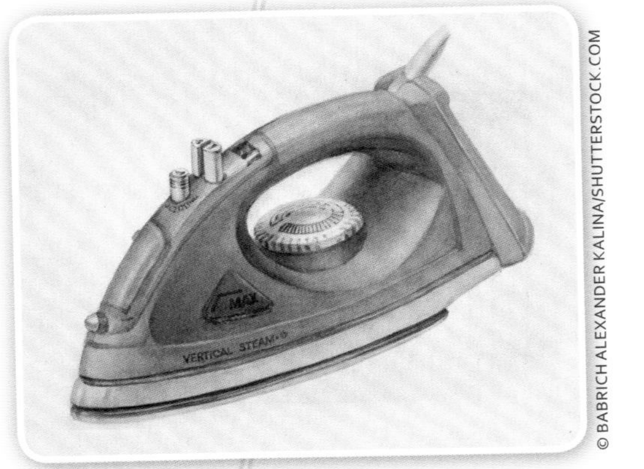

图5-24 对草图进行渲染可以帮助你呈现一个产品更真实的外貌。

画渲染图时的注意点

画渲染图时，你必须考虑3点。第1点是打在物体上的灯光的方向。例如，它是来自物体的后面、前面，还是物体的左边或右边呢（见图5-25）？第2点，物体表面的灯光强度怎样？换句话说，灯光有多亮？第3点是物体表面的类型。表面越光滑，就越反光。表面如果比较粗糙，那它也就不会很亮。

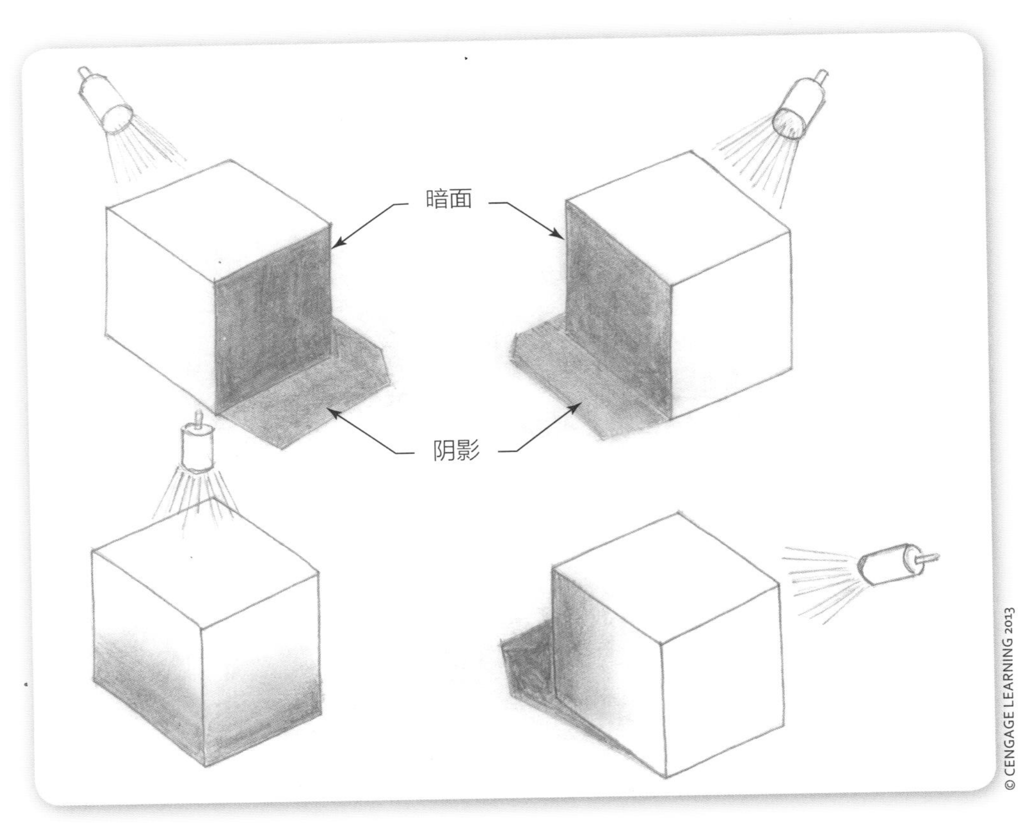

图5-25 暗面和阴影的位置取决于灯源的方向。

渲染技术

一个物体的基本渲染过程由阴影技术完成。你也可以运用阴影技术来增加渲染效果。阴影的量是由灯光的量决定的。物体上暗面的多少取决于现场灯光的量。物体的投影的多少取决于现场灯光的量和光源的方向。工程师和设计者很少使用暗面和阴影。因此，本章将只介绍一些简单的描绘暗面和阴影的技术。绘图艺术家会使用更多的技术，但我们只介绍3种渲染技术。记住，和徒手绘制草图时一样，练习对提高渲染水平是很必要的。

平涂暗面和阴影　用平涂技术你可以画出亮暗之间的一系列色调。这个技术提供了最接近真实的物体表面的效果。你可以用一支软铅笔（2H或3H都可以）来渲染色调。彩色铅笔可以画出更突出的效果。笔尖必须是钝的。依靠铅笔芯的边缘，前后来回地移动铅笔。图5-26展示了这样做的效果。平涂时要小心不要弄脏你的草图。修补过分涂抹的最好的方式是用另外的纸或干净易粘的透明胶带覆盖在你的草图上。

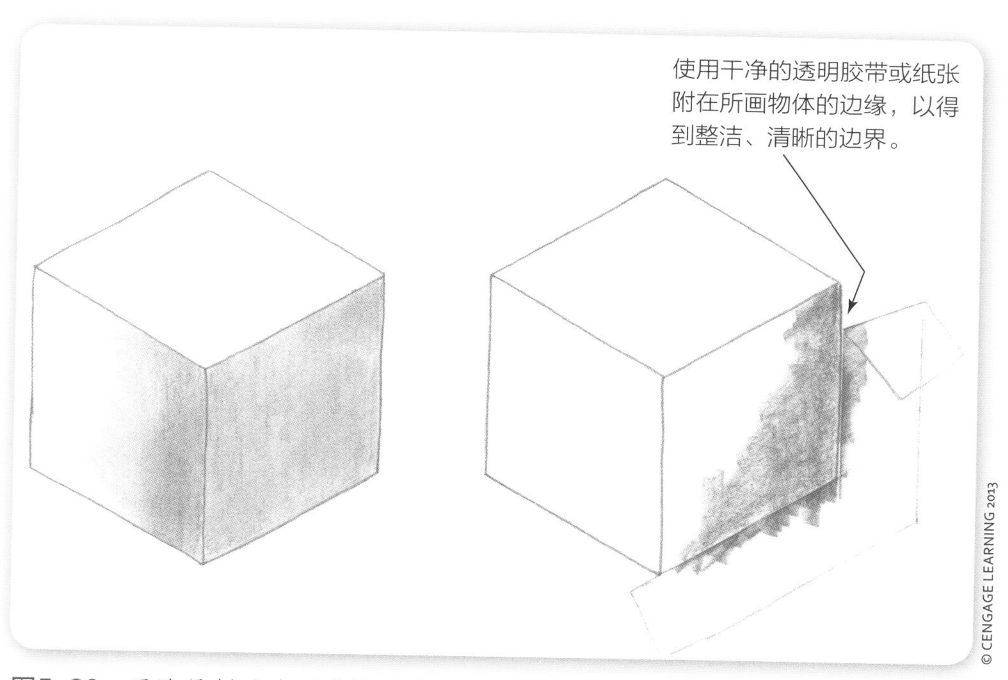

图5-26　平涂是创造暗面或阴影的一种技术。

线暗面和线阴影 线暗面和线阴影与涂抹技术类似，你可以用线条绘制出从很亮到很暗的一系列色调。要使用2H或者更软的铅笔，笔尖要钝一些。这个过程中你还可以用彩色铅笔或马克笔。这个方法不像涂抹法容易弄脏，因此你不用采取前面的预防措施。我们通过在物体表面画平行线来表现暗面和阴影。平行线之间的距离越近，表面就看起来越暗。你如果想要一个亮一点的表面，那就把平行线之间的距离画得远一点（见图5-27）。

点影 点影图中的亮暗之间的暗面和阴影可以由点的疏密来表现。这种技术需要用H或更软的铅笔。和在线画中一样，你可以使用彩色铅笔或马克笔来突出效果。2H铅笔也可以用，但它会花费更多的时间。为了营造暗的色调，把点画得更密集一些，稀疏的点表示较亮的色调（见图5-28）。

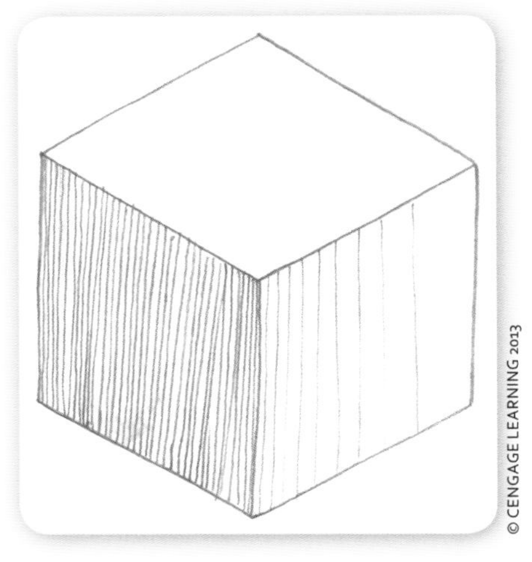

图5-27 用线表现暗面或阴影。

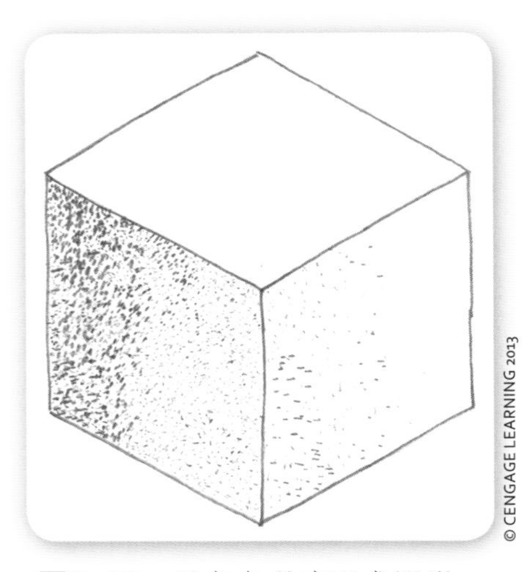

图5-28 用点表现暗面或阴影。

总 结

在本章中你学到了：

- 工程师使用立体草图是因为它能够展示人们自然看到的世界。
- 你的眼睛所看到的和你的大脑所理解的我们周围的世界都有三个维度：宽度，高度和深度。我们称之为三维或3D。
- 立体草图是用3D的形式生动地描述物体的一种方式。
- 等角图(轴测法的一种)是工程师和设计师最常用的一种方法。
- 透视图，有单点透视和两点透视两种，提供观察物体的最真实的视角。
- 等角和透视的圆、圆弧和孔由椭圆来表现。
- 复杂的立体草图要从物体整体着手，从基本的矩形开始画。
- 透视图的概念就是，物体离观察者越远，就看起来越矮和越靠近，并且所有物体都消失于视平线。
- 渲染是以暗面和阴影技术为基础的。渲染常用的3种方法是：平涂法、线画法和点画法。

词 汇

用你自己的话给下列词语下定义。然后，把你自己的答案和本章给出的定义进行对比。

三维（3D）草图
立体草图
平面
等角图
非等角平面
椭圆
透视图或草图
透视
没影点
光学
两点透视
特征

知识拓展

请仔细思考，并写出下列问题和作业的答案。

1. 对工程师和设计师来说，为什么培养画立体草图的技能是重要的呢？
2. 等角图和透视图之间的不同点是什么？
3. 除了工程师，谁还使用轴测图，他们用来做什么？

在老师提供的素描纸上完成下列练习。老师会告诉你需要练习多少次。

4. 运用正确的徒手绘制草图的技术，练习画等角立方体。以图5–29为练习示例。

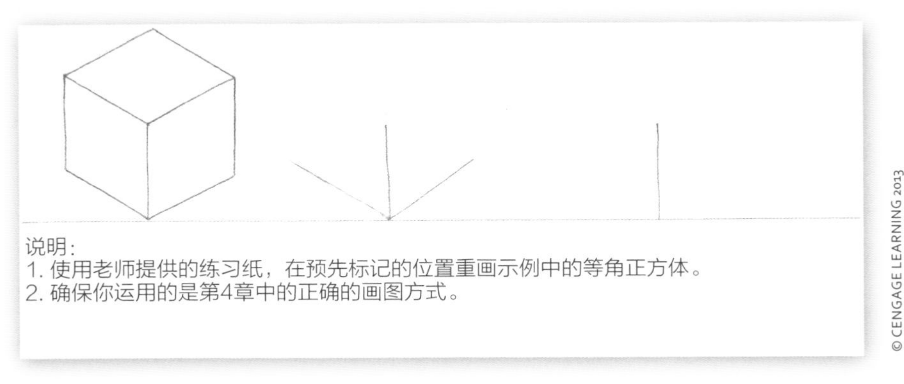

图5–29 画图练习：等角正方体

5. 运用正确的徒手绘制草图的技术，练习画等角长方体。以图5–30为练习示例。

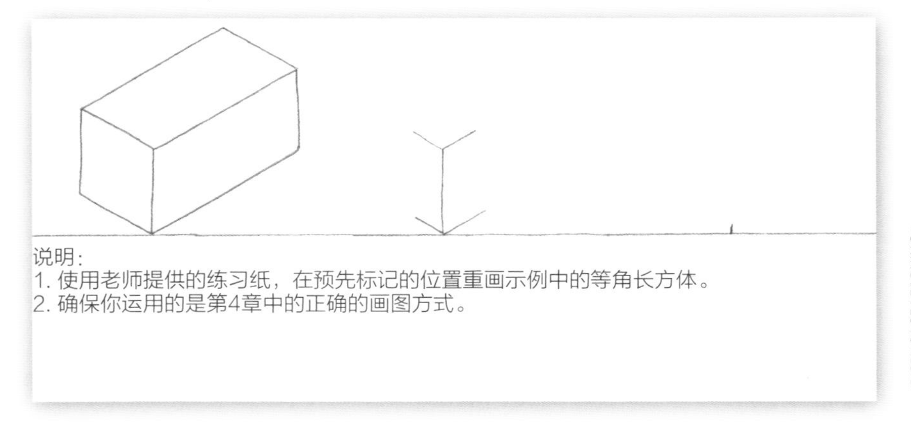

图5–30 画图练习：等角长方体。

6. 运用正确的徒手绘制草图的技术，练习画复杂的长方体。以图5-31为练习示例。

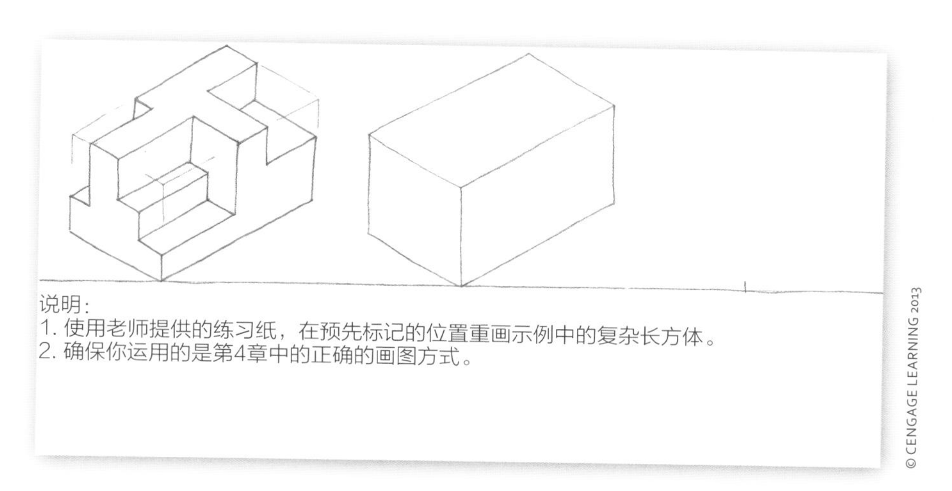

图5-31 画图练习：复杂的等角长方体。

7. 运用正确的徒手绘制草图的技术，练习画有斜面的长方体。以图5-32为练习示例。

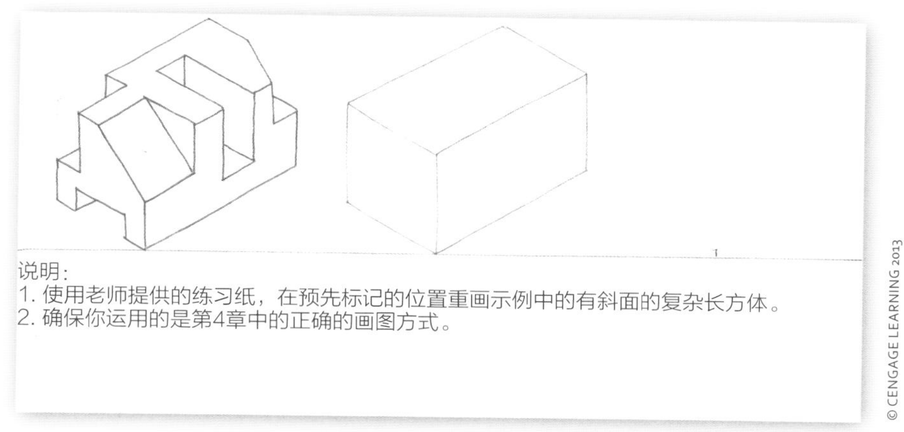

图5-32 画图练习：有倾斜面的长方体。

8. 运用正确的徒手绘制草图的技术，练习画等角圆。以图5-33为练习示例。

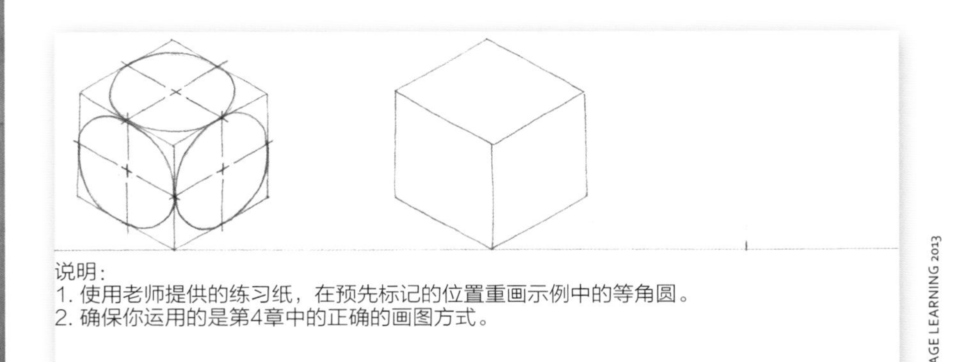

图5-33　画图练习：等角圆。

9. 运用正确的徒手绘制草图的技术，练习画等角孔。以图5-34为练习示例。

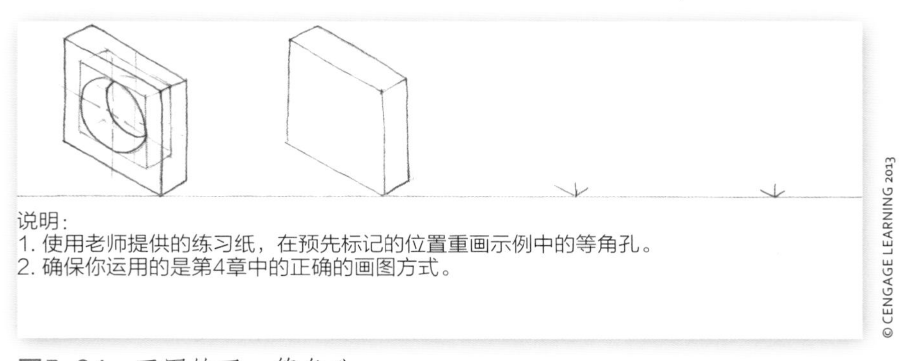

图5-34　画图练习：等角孔。

10. 运用正确的徒手绘制草图的技术，练习画单点透视的长方体。以图5-35为练习示例。

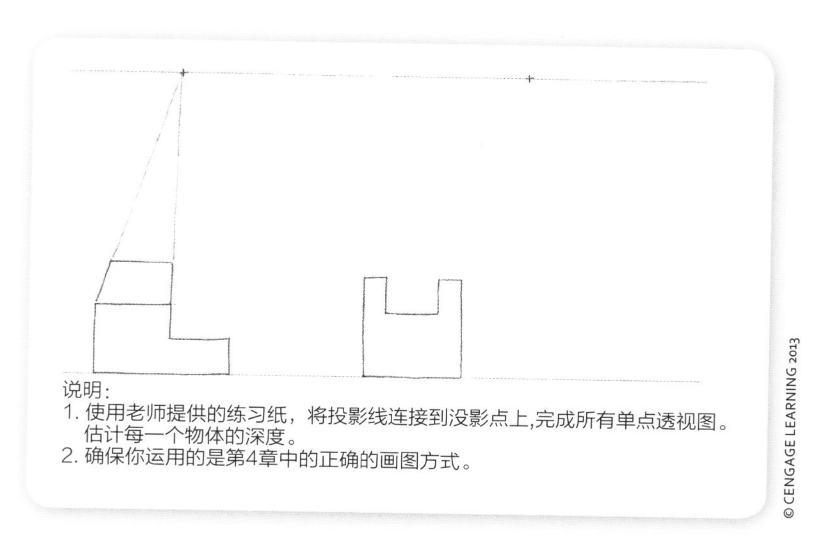

图5-35 画图练习：单点透视图。

11. 运用正确的徒手绘制草图的技术，练习画两点透视的长方体。以图5-36为练习示例。

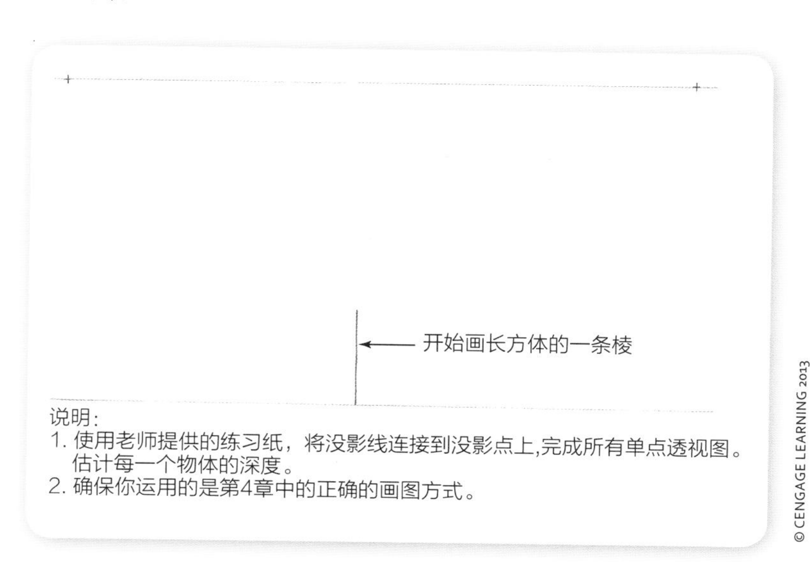

图5-36 画图练习：两点透视图。

继续进入下一章

第6章 逆向工程

菜单

头脑准备

在学习本章的概念时，请思考下面的问题：

1. 什么是逆向工程？

2. 工程师为什么要使用逆向工程？

3. 工程师为什么需要多视图？

4. 什么是正射投影？

5. 为什么组装图是十分重要的？

6. 什么是分解图？

7. 为什么工程制图需要标注尺寸？

© ISTOCKPHOTO/SKIP O'DONNELL

应用中的工程学

S T
E M

你是否有一个拥有乐高积木的妹妹或弟弟？当你还是小孩的时候，你有没有用乐高积木搭建过东西？你、你的妹妹或弟弟有没有玩过乐高嵌入式积木和米加积木？你可能还不能辨别这两种积木的区别。

米加积木公司使用一种叫做逆向工程的方法来设计了嵌入式积木，因此可以和乐高积木抗衡。**逆向工程** 是一种测试并分析现有产品的过程。在这个过程中，设计师画出产品的技术草图，并以此设计新的产品。通常他们使用计算机模拟的方法生成新的设计草图。我们将在第7章讨论这个过程。米加积木之所以能够合法地进行这项逆向工程，是因为当时乐高团队在1958年的关于嵌入式积木的专利已经过期。

第一节：逆向工程

当制造商不再生产某个产品时，或产品手册丢失的时候，我们也可以用逆向工程。如果图6-1中的旧式缝纫机需要更换零件时该怎么办呢？工程师可以对一台类似的旧式缝纫机的相同零件实施逆向工程，然后生产出已损坏的缝纫机所需要的零件。

图6-1　旧式缝纫机。

我们可以将逆向工程看成是一个有多个步骤的逻辑过程。图6-2的流程图展示了逆向工程过程的6个步骤。首先，我们应该明确这种探究的目的。简单来说就是，为什么要进行逆向工程？有什么问题需要解答？第二，我们必须产生一个假设或者问题的答案。第三，我们必须把产品拆成不同的零件（但是并不像乐高积木那样只有一种零件）。拆卸产品之后，我们逐个分析这些零件（见图6-3）。分析过程中，我们确认它的材料，弄清各个零件的制造方式，并测量它的尺寸和特性。我们有很多合理的理由对某件产品进行逆向工程，但这也可能会使个人或公司

逆向工程（reverse ergineering）

逆向工程是指测试和分析现有产品，并重新设计产品的技术草图的过程。

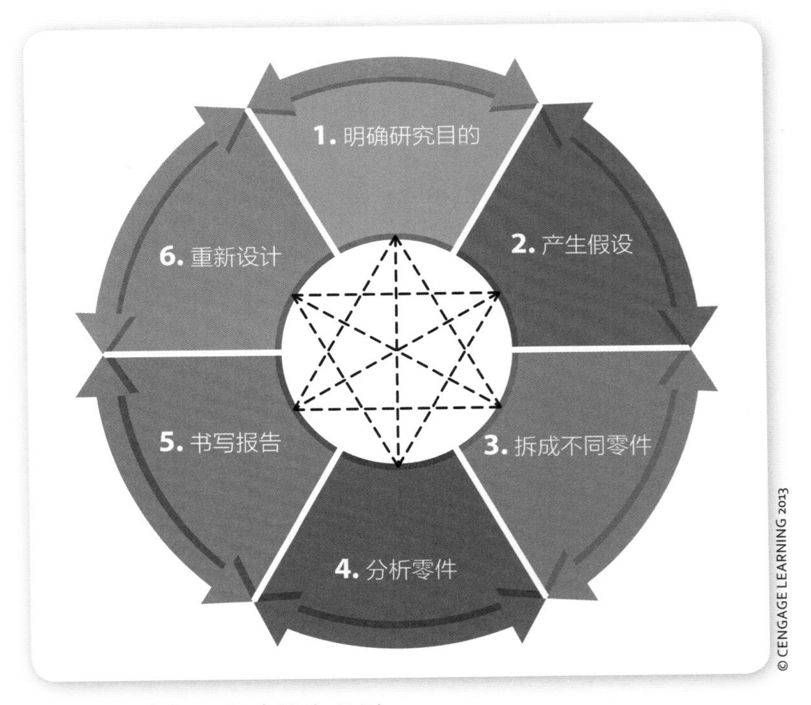

图6-2　逆向工程过程流程图。

工程学中的科学

因为有些产品的材质很难辨别，工程师经常需要向科学家求助。科学家通过做实验分辨材料的种类。在一些实验中，我们可以了解材料的熔点，以及样品浸入不同的化学试剂中所发生的化学反应类型。科学探究是逆向工程的一个必要步骤。

侵犯专利持有人的权益。我们在使用逆向工程的过程中，必须从法律和道德两个方面考虑问题。

在第五个步骤中，书写报告详细记录了拆卸过程中的发现。这份报告还应该包含每个零件的草图。在第六个步骤中，运用已经得到的信息，我们重新设计一件“逆向工程”产品。

图6-3　团队成员在分析拆卸下来的零件。

你知道吗？

奥勒·柯克·克里斯蒂安森（ole kirk christiansen），一位来自丹麦的木匠，在1947年首先设计了嵌入式积木。他把它叫做自动结合积木。克里斯蒂安森的工作室就是现在世界闻名的乐高集团的最初形式。他取乐高这个名字来源于丹麦短语“Leg godt”，意思是“玩得开心”。你知道吗？1963年生产的乐高积木可以和今天生产的乐高积木相互嵌入。

第二节：多视图

为了向生产商说明产品的特征，设计师必须给出产品的图样。图样可以是草图的形式，绘图工具有手工制图工具或计算机软件。用手工制图工具或计算机画出来的图称为工程制图。

大多数的工程制图都包含产品的不止一个视角，因而称为多视图（见图6-4）。在产品生产过程中以及要永久记录产品的设计时都要用到多视图。

看图6-5中的方块，它有多少个面？对的，它有6个面。实际上大多数物体都有6个面。当你看向某一面时所看到的这一面称为这一面的视图。因为物体一般有6个面，所以它们就有6种视图：（1）正视图，

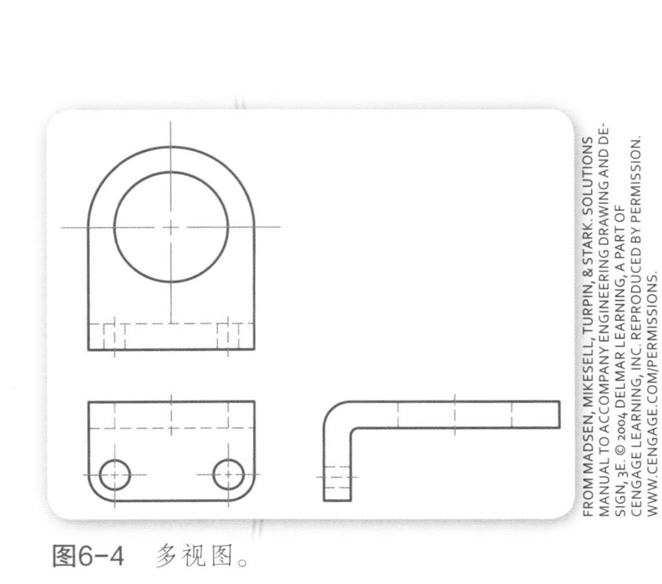

图6-4　多视图。

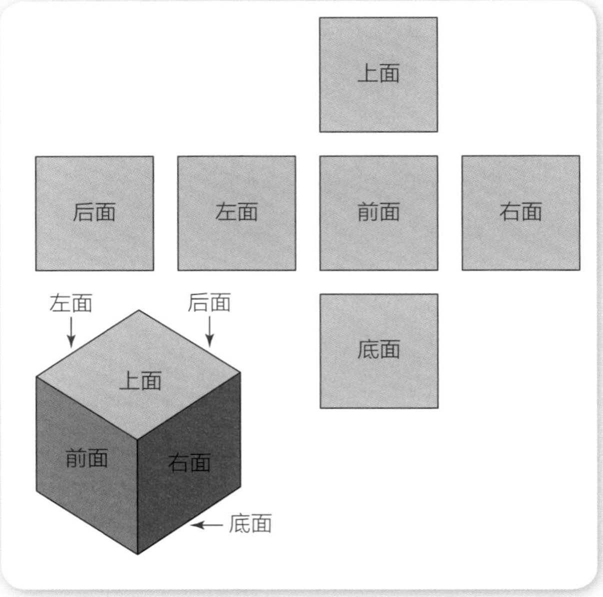

上面
后面
左面
前面
右面
底面
左面
后面
上面
前面
右面
底面

图6-5　物体的6个面。

（2）俯视图，（3）底视图，（4）右视图，（5）左视图，（6）后视图。尽管物体有6个面，而多视图的数量只要足够展示物体就可以了。典型的多视图包括图6-4中展示的3种示图：正视图、俯视图和右视图。

正投影

为了画这6种视图，工程师提出使用 **正投影** 来体现物体的特征而不是各个方位视图。图6-6展示了一个面的正投影。从物体的某个面垂直射过来的视图展现了物体表面真实的形状和尺寸。

正投影（orthographic projection）

正投影是一种将物体垂直投影到某个平面上的方法。

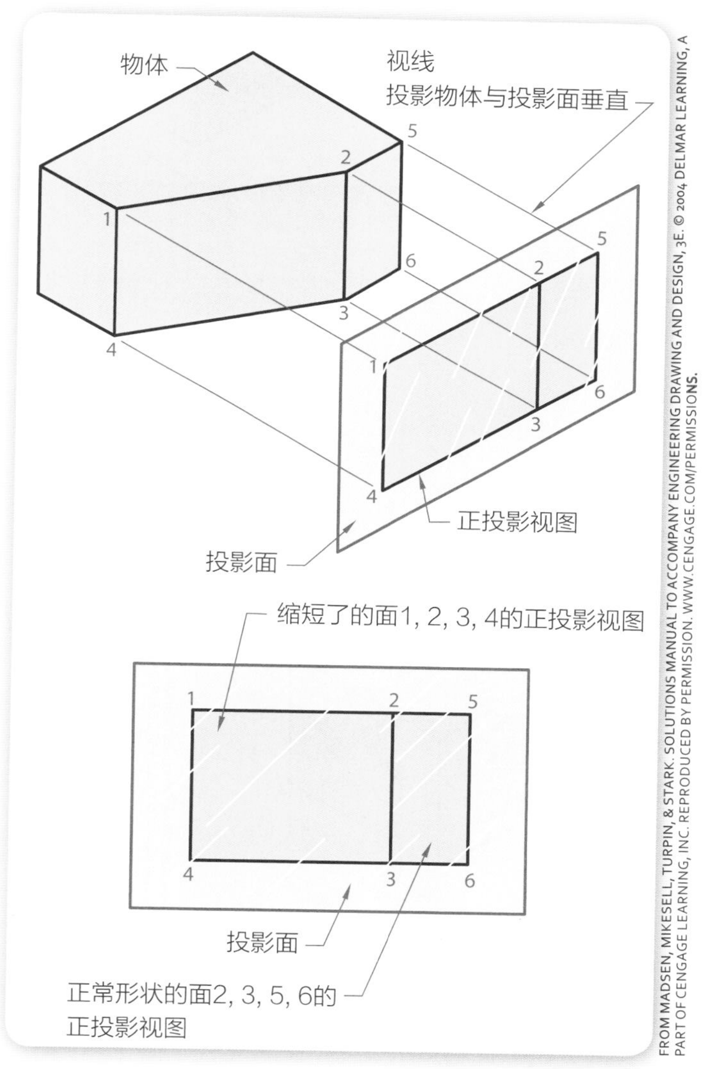

图6-6 表面的正投影。

工程学中的数学

STEM

正投影起源于几何学，这是一个涉及物体的尺寸、形状及空间位置的数学领域。几何学是数学最古老的分支之一，可以追溯到公元前300年。古代研究几何的数学家们使用圆规、直尺这些传统的工具来发展他们的理论。

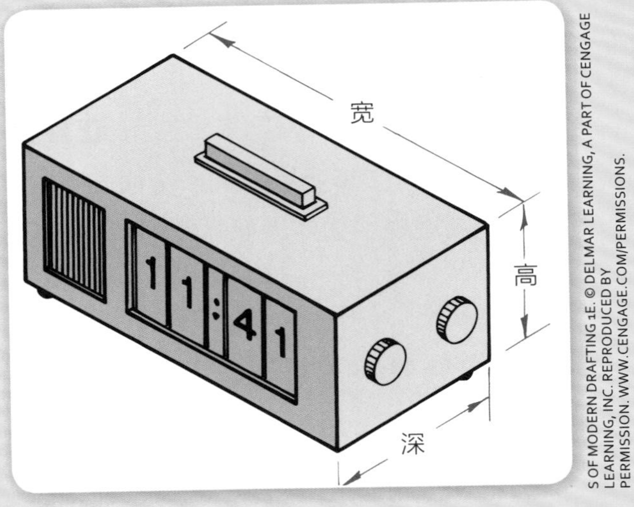

图6-7　闹钟收音机的等角图。

看一看图6-7中的闹钟收音机，它的每个面都不是正方形，但是你如果像图6-8中的那样从正前方看这个收音机闹钟，就可以看到它前面的真实形状和尺寸。正视图展示了物体的高度和宽度。图6-9展示了闹钟收音机的右视图，或者说是它的深度和高度。图6-10展示了闹钟收音机的俯视图，或者说是它的宽度和深度。

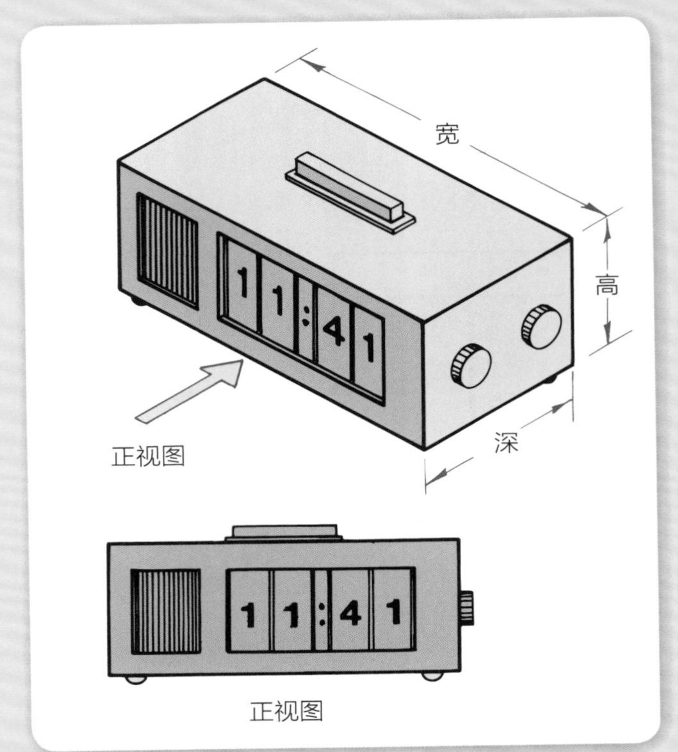

图6-8　正视图展示了物体的高度和宽度。

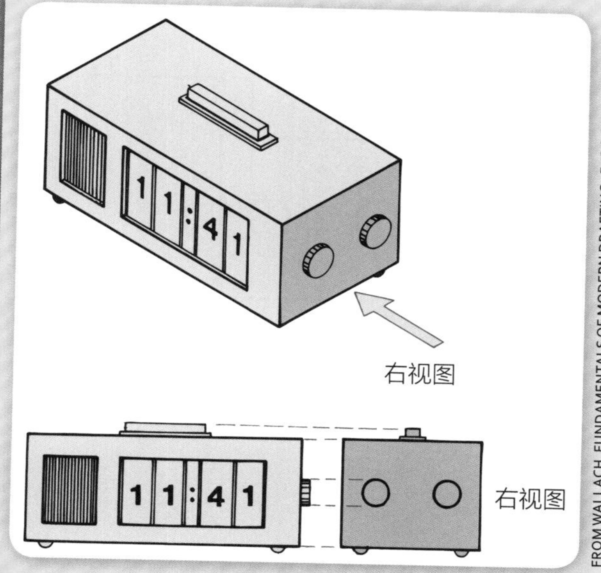

图6-9　右视图展示了物体的高度和深度。

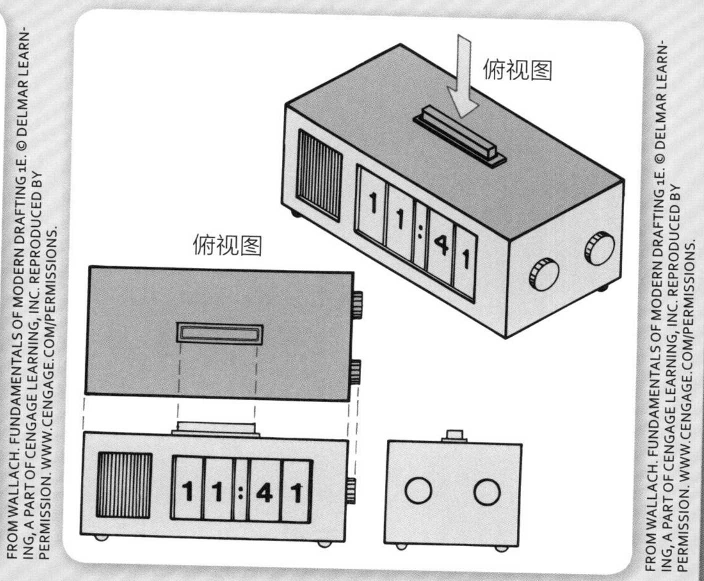

图6-10　俯视图展示了物体的深度和宽度。

图6-11展示了收音机闹钟的全部6种视图。哪种视图展示了收音机闹钟最多的细节呢？是的，就是正视图。正是因为正视图展现的细节最多，所以常在工程制图中用到。

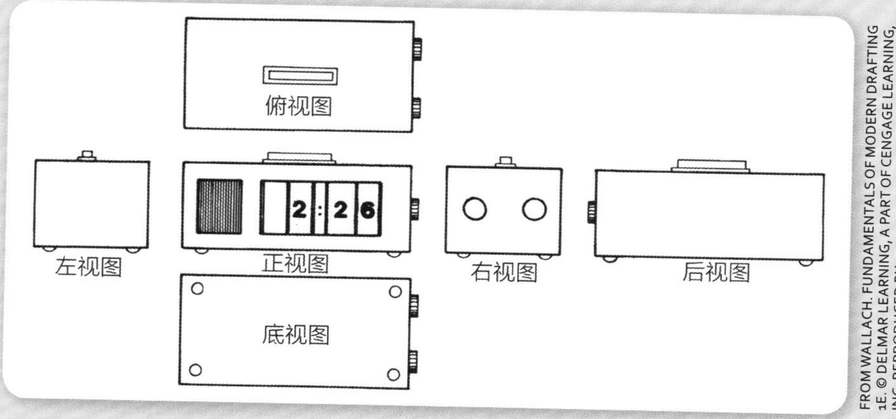

图6-11　闹钟收音机的6种视图。

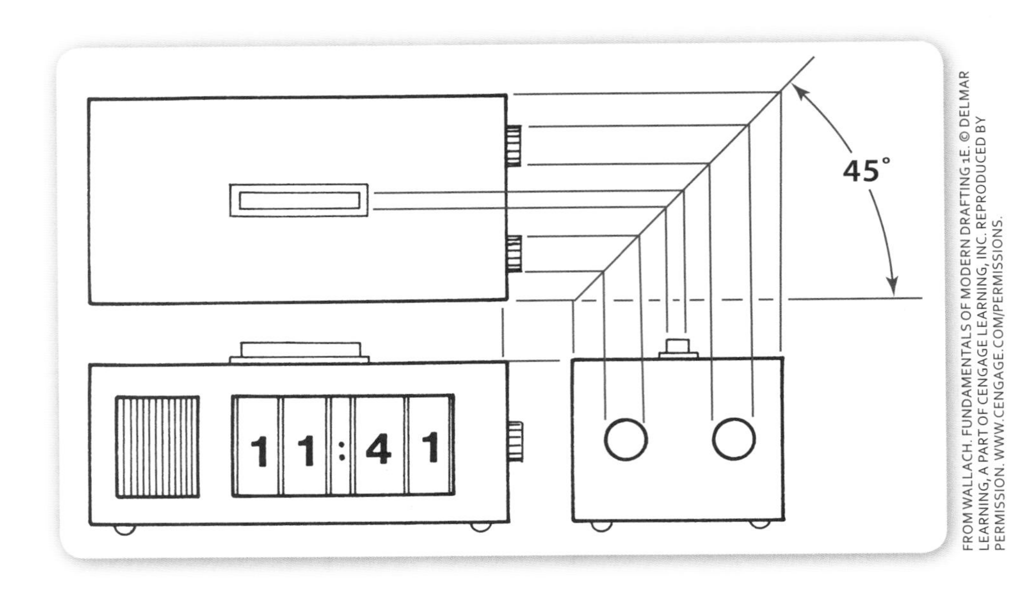

图6-12 用45°角投影技术来转移位置。

技术

看一看图6-10中右视图中闹钟收音机的旋钮。这些旋钮在俯视图中也可以看到。那么设计者怎么知道把这些旋钮放在哪呢？它们的尺寸和位置是通过45°角技术（见图6-12）来投射或转移的。这种投影技术同样可以用来将俯视图中的把手转移到正视图中。

尽管正视图提供了物体最详细的信息，一个完整的工程制图仍然需要其他的视图。我们可以增加一些其他的视图以展示正视图所没有的细节。大多数多视图包含3种视图，因此被称为3视图。典型的3视图包括：（1）正视图，（2）俯视图，（3）右视图。

一些多视图只需要两种视图。看图6-13所示的圆形物体。它的正视图和右视图是完全相同的，因此这个物体只需要正视图和俯视图就足够了。图6-14所示的垫圈只需要一个正视图。我们可以在图纸上做笔记说明垫圈的厚度。

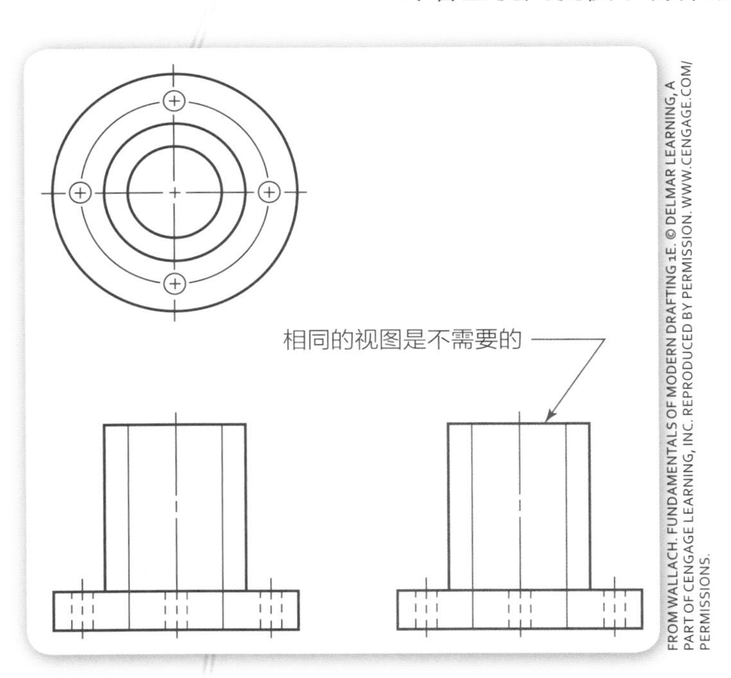

图6-13 圆形物体可能只需要两种视图。

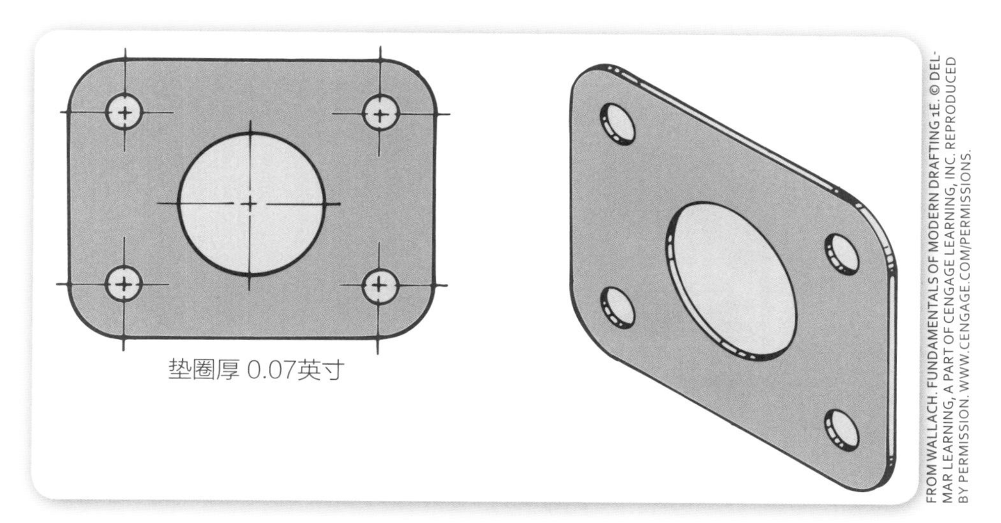

图6-14　一个平坦的垫圈可能只需要一种视图。

制作图（working drawing）

制作图是可以根据其来制造产品的图纸。

组装图（assembly drawing）

组装图是一种展示了物体放置在正确位置的各个部件的立体图。

第三节：制作图

制作图 提供了制作或制造产品所需要的所有信息和细节。有了所有需要的信息，我们可以确保技术人员不需要猜测物体的任何尺寸和特征位置。制作图的一般类型是组装图。制作图也可能包括组装产品的分解图。

组装图

大多数产品都包含多个零件，因此工程师必须展示出产品的各个零件是如何镶嵌在一起的。为了实现这种交流，工程师使用 **组装图** ，展示出各个零件和组装产品之间的关系。图6-15展示的是一个小钉板玩具的组装图。图纸展示了玩具的侧板是如何插到基座上的，以及小钉子是如何嵌入玩具的。你可能已经在新买的自行车或者日用物品的说明书上看到过组装图。由此可见，组装图可以帮助消费者想象产品组装好的样子。

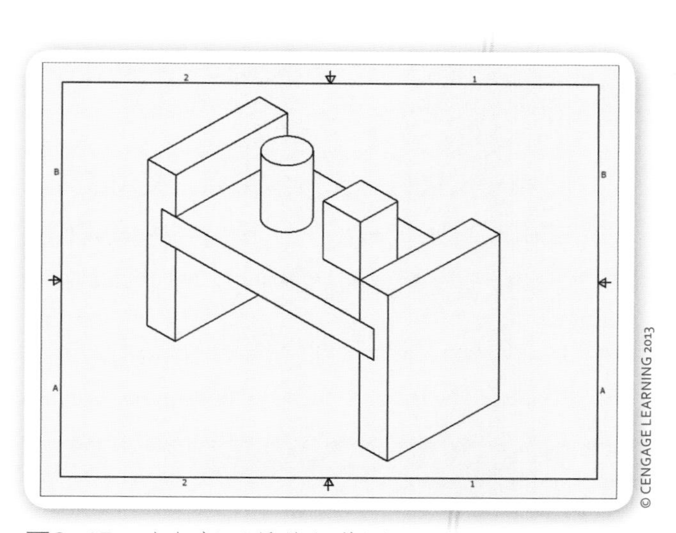

图6-15　小钉板玩具的组装图。

职业聚焦

姓名:

彼得 · G. 黄（Peter G. Hwang）

职位:

惠普公司，用户体验设计师

© CENGAGE LEARNING 2013

工作描述:

黄的工作将心理学和技术联系了起来。他的目标是设计出恰好是客户所需要的电脑打印机类型。首先，他花时间了解客户的需求和目标。他找到人们的工作地点和住处，观察他们，做大量的访问调查。回到实验室之后，他研究所收集到的数据，和其他的工程师一起进行头脑风暴。然后他们制作电脑打印机原型，并把这个原型带给他们曾经访问过的人。

“那样我们就可以得到反馈，了解我们是否真的解决了他们的问题，”黄说，“我们的想法是始终把焦点放在用户身上。”

惠普公司特别给了黄一个为期一个月的观察日本客户机会。“我走在日本的大街上，花时间参观别人的家，从而沉浸在日本的文化中，这一切都能得到薪酬。”他说。

第一次去日本旅行结束后，黄用泡沫块制作了电脑打印机模型。“我们回去向人们展示这些泡沫块，但是他们用了另一种超乎我们想象的方式解读，这让我们对我们的设计有了更深刻的理解，”他说，“我们根据收集到的所有信息设计出了新的产品，如果我们没有深入地了解当地的文化背景，我们是不能做到这些的。”

教育背景:

黄在加州大学伯克利分校获得机械工程专业的学士学位，在斯坦福大学获得产品设计专业的硕士学位。而他的硕士学位一半是工程，一半是美术。

“大多数人都认为你要么是一个艺术家，要么是一个工程师，”他说，“但是我很高兴找到了一个可以同时成为两者的方法。我的工作有技术的一面，但我也做很多绘图的工作。成为工程师并不意味着你只是一个书呆子，或只会用左脑思考数学或科学的人。”

给同学们的建议:

黄鼓励学生把他们的热情投入到学习和事业中去。“我在工程学校的时候，我一直寻找机会画图纸从而保持创造力，现在在我的工作中我依旧会做这些，”他说，“比如，酷爱冲浪的学生有可能成为设计冲浪板的工程师。喜欢运动的学生有可能成为设计运动器材的工程师。这会让你的事业更加有意义。”

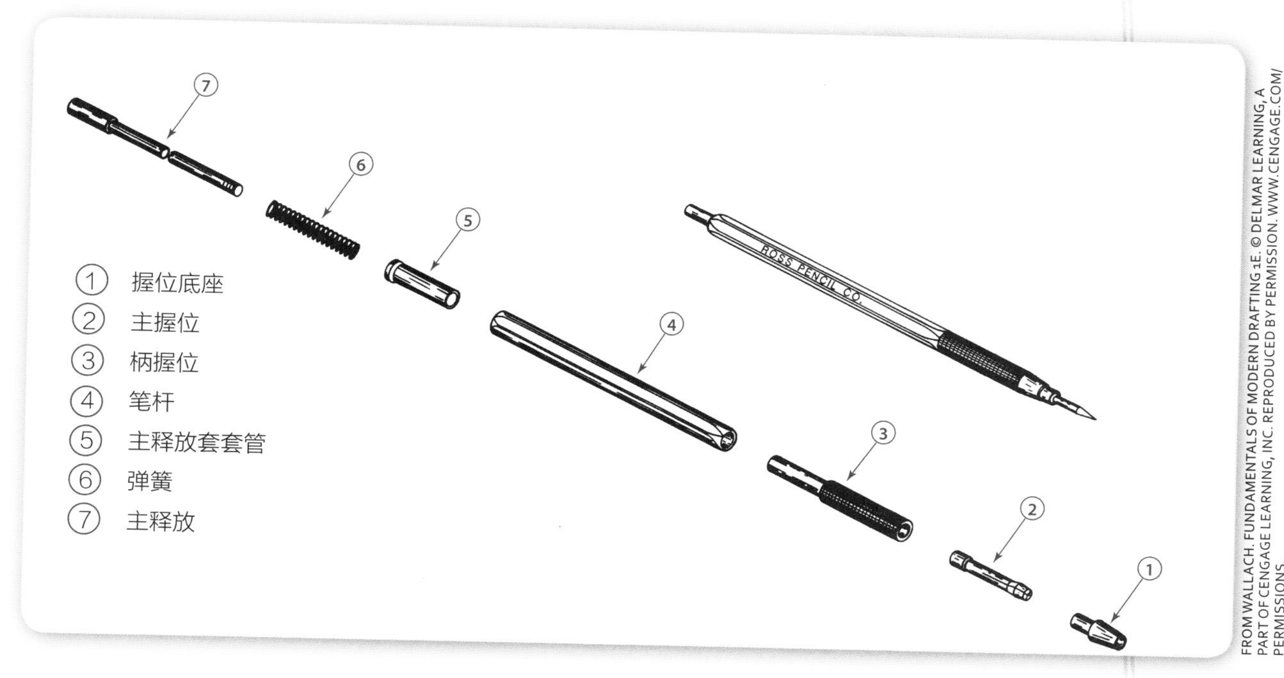

图6–16　每个零件都做了标注的钢笔的分解图。

分解图

分解图 展示了产品的各个零件是如何分离开来的。这些零件看起来就像在空中飘浮着。如果没有分解图，你就不可能看到图6–16所示的钢笔的内部组件。我们一般可以在组装手册中看到分解图，对不同的零件进行标注也是很常见的，就像钢笔的分解图中那样。

分解图（exploded view）

分解图是立体图的一种，它展示了物体的尚未组装但各个部分相互联系的零件。

第四节：尺寸标注

基本原理

为了某个零件，技术人员必须了解它的所有细节。有些细节我们可以通过绘图说明，而有些细节必须用工程图纸中标注的尺寸和注释来说明：这些就叫做 **尺寸标注** 。尺寸标注规定了物体的尺寸和一些特征如孔、角的位置。

观察图6–17（a），对于这个零件，你能看出什么？再看图6–17（b），这是同一个零件，但添加了尺寸标注。尺寸标注标明了这个零件宽5.75英寸，高3.50英寸。你还可以看到零件上的直径为1.50英寸的孔，以及在它的左侧有一个45°角的切口。尺寸标注是工程设计过程中的一个必要部分。

尺寸标注（dimensions）

尺寸标注是机械制图中标注的尺寸和笔记，它记录了物体的线性测量值，如宽度、高度和长度，以及物体的某些特征的位置。

工程学中的数学

工程师不会过度标注一副草图。也就是说，他们只做尽可能少的标注，并让人能够读懂草图。因此，工程师和技术人员必须运用他们的数学知识来计算那些没有标注的尺寸和特征。

技术

尺寸标注的标准是由美国国家标准学会（ANSI）建立的。根据ANSI的要求，尺寸标注可以用英寸（美国常用）或米制单位，也可以用双重标注，即同时列出美国常用单位和米制单位。工程制图中尺寸标注的位置可以是单向性的，也可以是对齐的（见图6–18）。

图6–19展示了一副草图中尺寸标准的正确位置。数字数值位于尺寸线的中心。每条尺寸线的末端有一个箭头，它与草图中延伸出来的线相接。这条线叫做延长线。延长线不与草图中物体的轮廓线相接。草图中的延长线和标准线都比轮廓线更细（参考第4章了解更多的线型）。

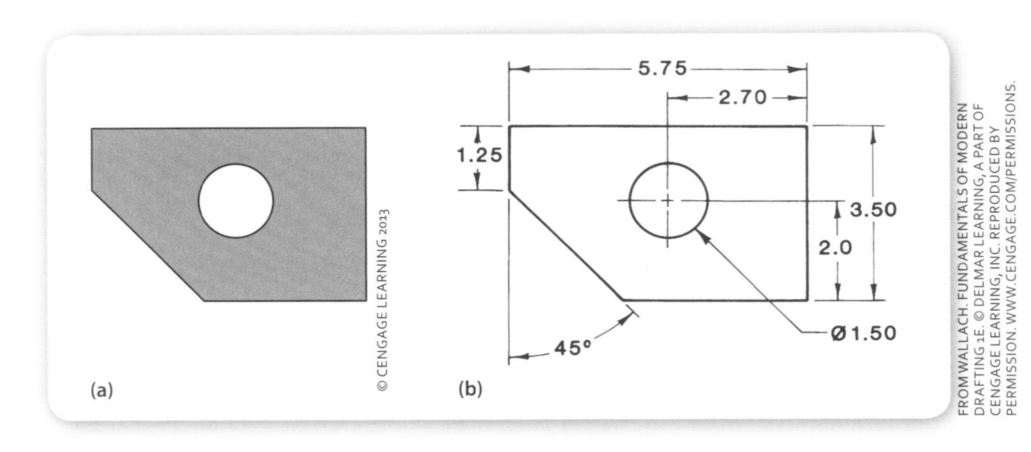

图6–17　没有尺寸标注（a）和有尺寸标注（b）的草图。

工程学挑战

工程学挑战1

图中有四个零件。每个零件都有相应的工程制图中的正视图。每个正视图都做了适当的尺寸标注。运用你所学的数学知识计算它们的距离和面积，并回答下面对应各个零件的问题。这需要你能够理解每一副图的尺寸标注。

零件1：

1. 从A点到B点的距离是多少?
2. 这个零件的正视图的表面积是多少?

零件2：

1. 这个零件的正视图的表面积是多少?

零件3：

1. 从A点到B点的距离是多少?
2. 从C点到D点的距离是多少?

零件4：

1. 这个零件的正视图的表面积是多少?

单向性的尺寸标注

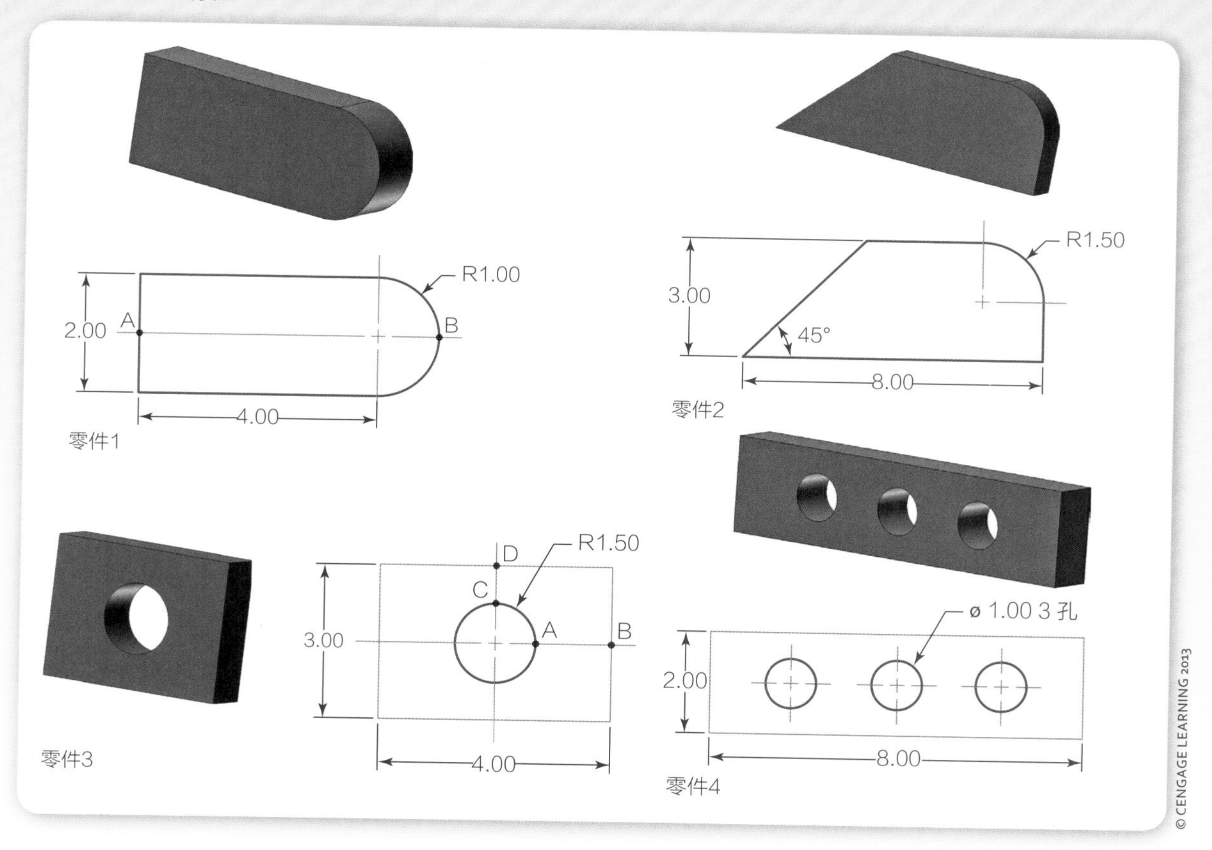

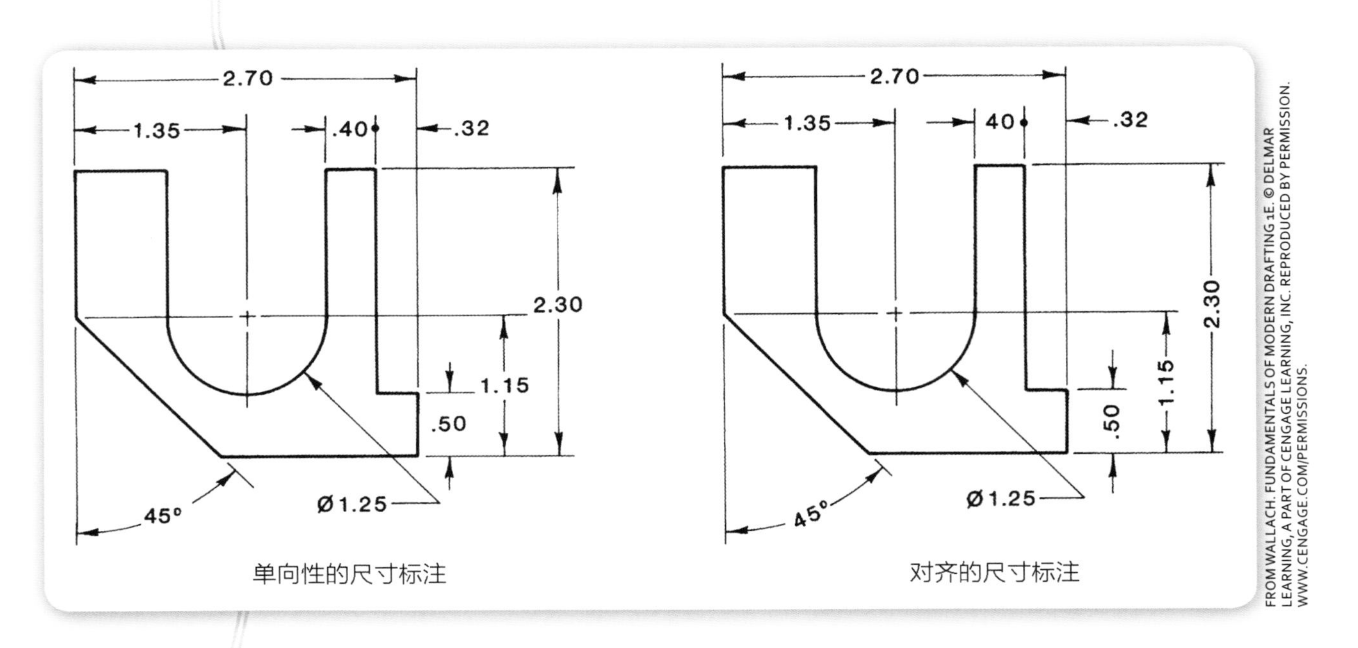

图6-18　单向性和对齐的尺寸标准。

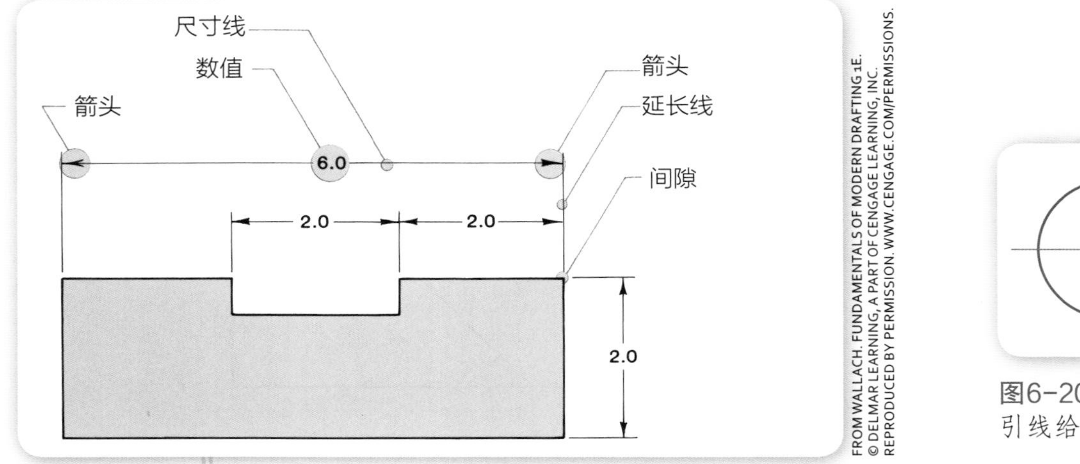

图6-19　草图上尺寸标注的正确位置。

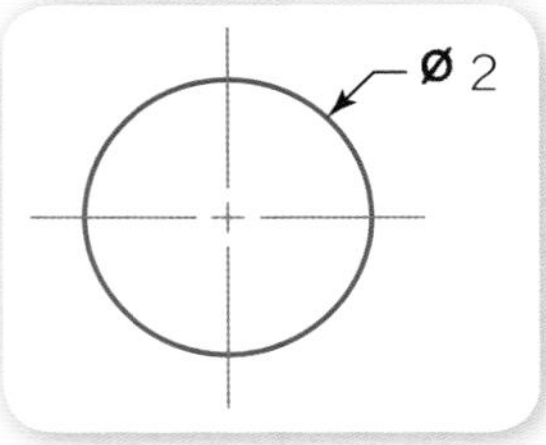

Ø 2

图6-20　用有中心线和指引线给圆做尺寸标注。

为了确定工程图纸中圆或孔的位置，工程师会使用中心线。中心线在圆或孔的中心垂直相交（见图6–20）。孔的直径标注在指引线的末端。指引线指向圆的中心，但只延伸到圆的外边缘。

ANSI为工程制图的尺寸标注制订了一套完整的标准。下面是一些常见的标准。图6-21展示了一些尺寸标注标准。

- 要将尺寸标注放在展示物体真实形状的视图中。
- 同一系列的尺寸标准放在同一个视图中。
- 不要将尺寸标准放在物体视图内。
- 尺寸标注可放在视图之间的位置。
- 标准线和延长线不要交叉。
- 不要重复标注。

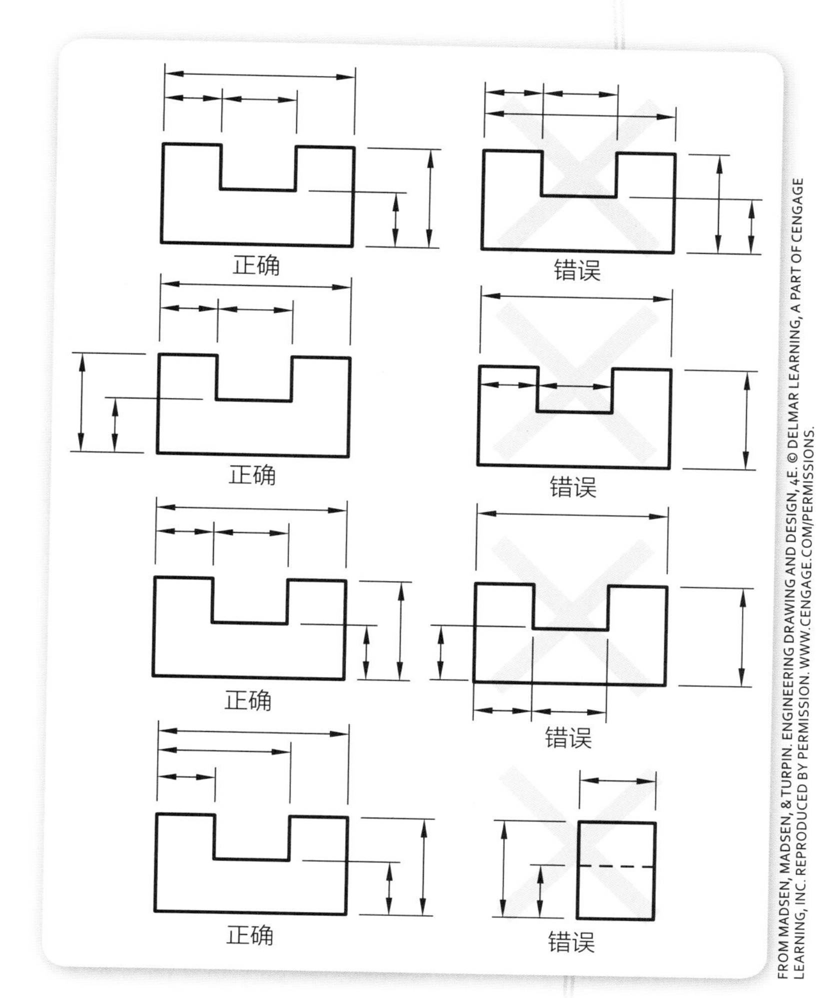

图6-21　尺寸标注标准。

工程学挑战

工程学挑战2

你的团队要对图中的某一个产品进行逆向工程。（你们的老师可能会提供给你其他不同的产品。）按照逆向工程的6个步骤进行操作。将你的发现记录在你的工程手册上。然后画出相应的重新制作产品所需要的工程草图。

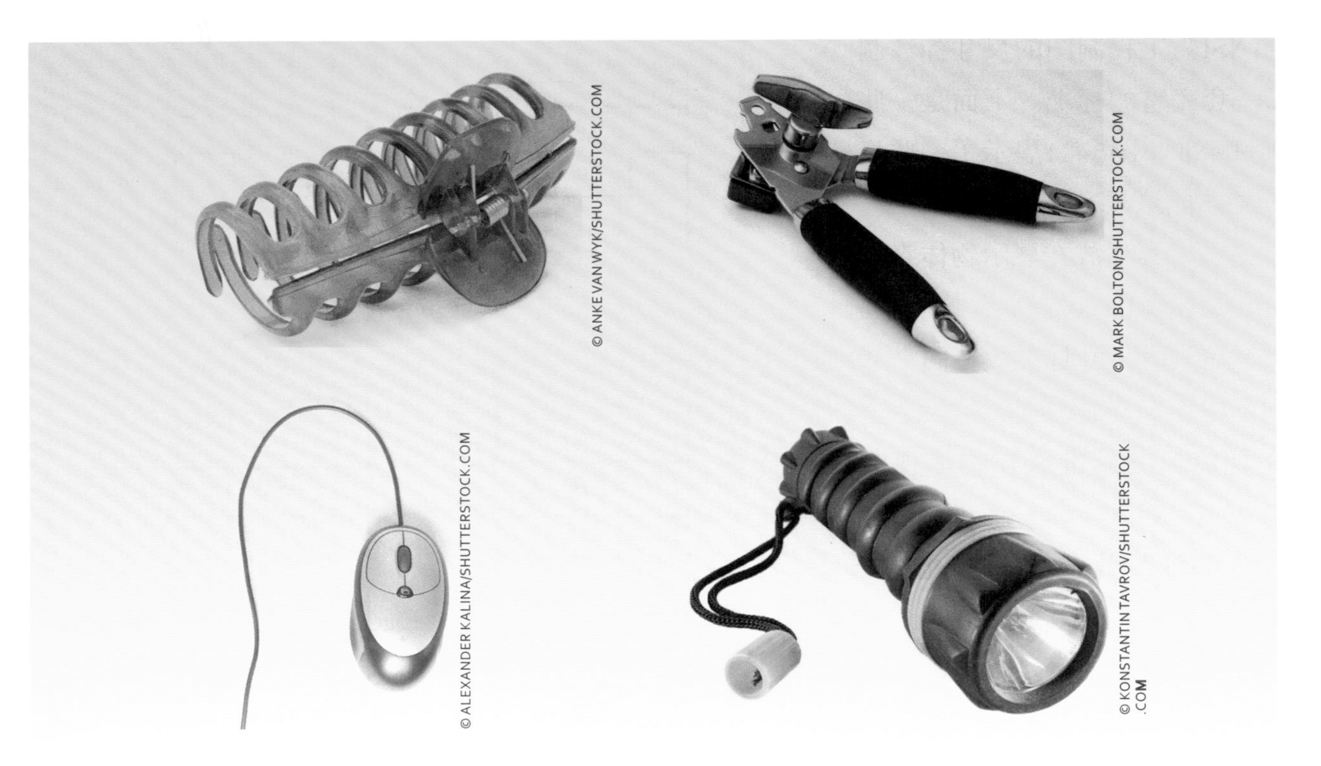

这是要进行逆向工程的产品。

总　结

在本章中你学习了

- 逆向工程是一种用来复制一件已经存在的产品的方法。
- 正投影是一种用来展示零件的包含真实形状和尺寸的视图技术。
- 大部分多视图包含3种视图：正视图、俯视图和右视图。
- 组装图展现出了产品零件和其他零件组装在一起之后的样子。
- 分解图可以让人看到产品的各个零件是如何相互配合的。
- 尺寸标注可以让工程师向生产零件的人员说明物体的尺寸和特征位置。

词　汇

用你自己的话给下列词语下定义。然后，把你自己的答案和本章给出的定义进行对比。

逆向工程　　制作图　　分解图
正投影　　组装图　　尺寸标注

知识拓展

请仔细思考，并写出下列问题的答案。

1. 怎样才算是对逆向工程的适当、合理的应用？
2. 考虑到世界产业的全球化，说一说逆向工程可能产生的负面影响。
3. 为什么精确的工程制图和尺寸标注是非常重要的？
4. 说一说一名设计师可能会如何改进某件家居用品的组装图。
5. 说一说为什么遵守ANSI的尺寸标准是非常重要的。
6. 如何确定尺寸标注的单位？是用美国常用单位还是米制单位，或是这两种单位同时使用？

第7章 参数化建模

菜单

头脑准备

在学习本章的概念时，请思考下面问题：

1. 什么是参数化建模？
2. 为什么要使用参数化建模？
3. 什么人会使用参数化建模？
4. 参数化建模与非参数化计算机辅助制图或设计有什么区别？
5. 在参数化建模中，开发一个产品的基本步骤是什么？
6. 草图、制作图与3D模型之间的区别是什么？

PHOTO COURTESY OF DIMENSION 3D PRINTING

应用中的工程学

历史上，日常用品的设计常常要花费几个月甚至几年的时间才能完成。现在，工程师使用参数化建模软件，在几天内就可以完成对产品创意的开发和测试。工程师使用这个软件既可以创建产品模型，也可以测试所选材料的强度。使用参数化建模软件模拟产品，工程师不需要将产品生产出来就可以对他们的设计做出判断。这样既省时又省钱。

CAD

CAD是computer-aided drafting or design（计算机辅助制图或设计）的首字母缩写。

参数化建模 (parametric modeling)

也叫基于特征的实体建模，参数化建模是一个三维的计算机绘图程序。

轮廓（profile）

轮廓是指物体侧面的二维外边缘线。

第一节：参数化建模简介

现代 **CAD** ——computer-aided drafting or design（计算机辅助制图或设计）的首字母缩写——起源于20世纪60年代早期。航天航空、汽车制造和电子行业首先使用了CAD，当时也只有这些大企业能够买得起CAD进行大量计算所需要的计算机。随着个人计算机价格的降低，以及CAD软件在这种规模的计算机上实现了运行，CAD在设计、生产和建筑等领域得到了广泛的应用（见图7-1）。

约翰·沃克（John Walker）于1982年成立了Autodesk公司，并发布了基于个人计算机上的二维（2D）CAD。另一家名为Pro/ENGINEER的公司，于1988年发布了基于特征的参数化建模（三维，即3D，CAD）。Autodesk Inventor是一个参数化建模的CAD程序，并于1999年面世（见图7-2）。现在已有多个3D建模程序可供选择。今天，二维和三维的CAD程序已成为设计产品和结构的主要工具之一。

什么是参数化建模?

参数化建模 也称为基于特征的实体建模，是一种三维CAD程序。工程师和设计师从绘制简单的二维几何形状（ **轮廓** ）开始实现他们的设计概念。基础的二维图形完成后，设计师可以将轮廓线强制修改为平行、垂直、水平或竖直的线。设计者也可以指定几何图形每条线的确切尺寸。这个过程叫做对图形施加约束（见图7-3）。

图7-1 第一代CAD软件程序需要使用大型计算机来运行。如今大大小小的公司都可以使用强大的个人计算机来运行CAD了。

如第3章中所定义的，约束是对几何图形的位置和特征关系的限制。约束的例子有使两条线互相平行或者垂直。我们称之为 **几何约束** 。我们称标注线的长度或圆的直径的过程为尺寸约束（见图7-4）。

Parametric（参数化）这个词来源于parameter（参数）。**参数** 是指可以决定某个物体特征的任一物理特性集。在参数化建模的例子中，“某个物体”会被绘制成圆形、长方形及三角形等几何形状，或这些几何形状的任意组合。所绘制的几何形状和尺寸就是物体的物理特性。所以我们可以说，参数化建模是用参数约束来确定所绘制的几何图形的形状和尺寸的过程。

记住，参数化建模使得工程师能够在计算机上画出他们的创意，而不需要担心尺寸或诸如孔、槽和支架（见第5章）等特征的位置。完成基本的设计形状或轮廓后，我们在物体的特征上施加约束。稍后我们将在本章讨论施加约束的过程（见图7-5）。

图7-2 强大的个人计算机让大大小小的公司都能使用CAD。

对参数化建模的需求

过去，工程师设计产品时，是不与其他工程师及相关的生产商和销售人员交流的。这会导致大量时间、精力和资金的投入。工程师在和生产及销售人员讨论之前，就已经完成了产品的设计。而常常会因为生产或销售方面的原因导致对产品的修改。修改设计又常常需要完全重新绘制草图。这样修改就浪费了时间和资金。

从一开始就让每个人参与进来的理念改革了整个设计和制造行业。设计开始时，所有

几何约束(geometric constraint)

几何约束确立了如线条等草图特征之间和图形之间的固定关系。例如，我们可以约束两条线使其互相平行或者垂直。

参数(parameter)

参数是指可以确定物体特征的物理特性。

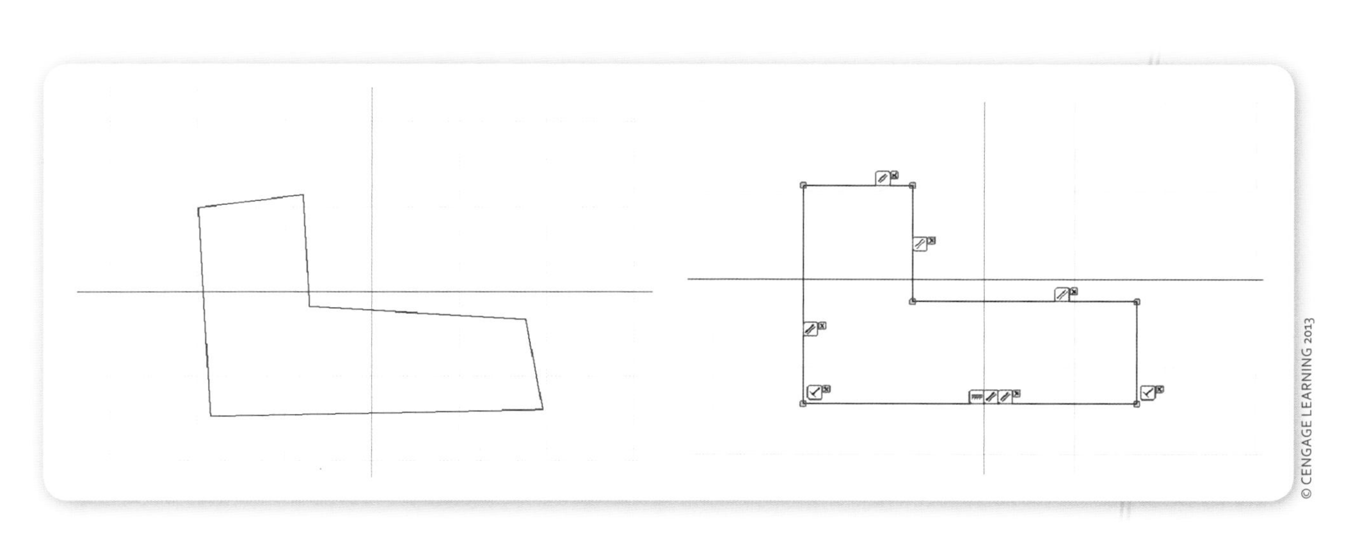

图7-3 施加约束前后的几何草图。

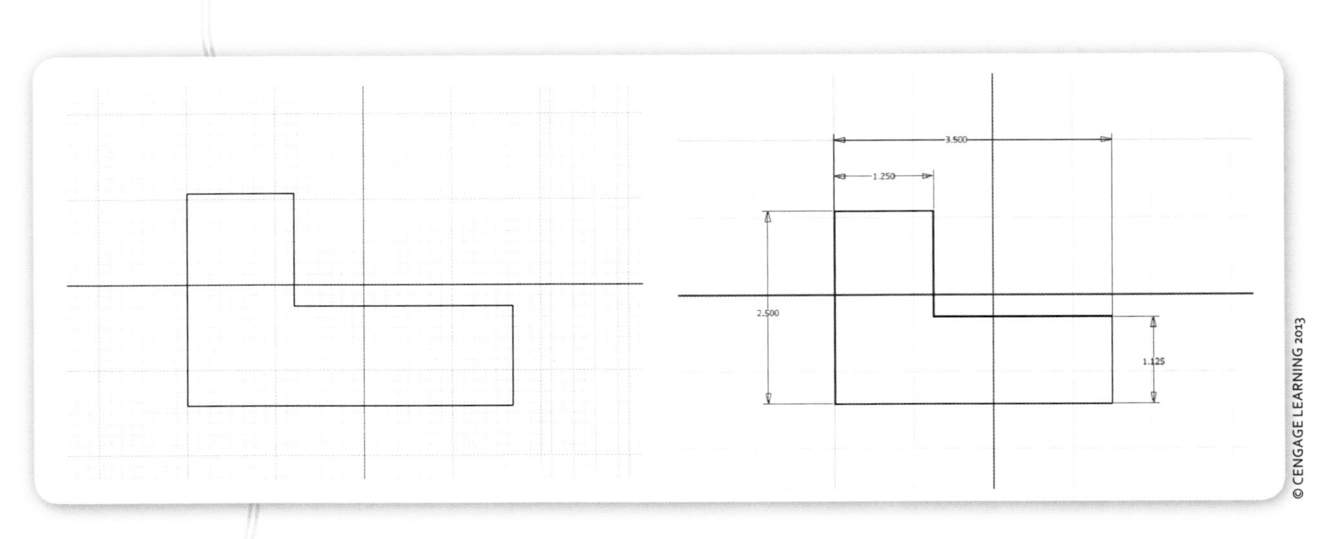

图7-4　加以尺寸约束前后的几何草图。

同步工程（concurrent engineering）

同步工程是指设计、制造产品的所有人员在工程一开始便参与进来。

的工程、市场、制造和财务部门都参与进来，这样就节约了时间和资金。在大多数案例中，这种设计方法生产出了更好的产品。这种设计产品的方式叫做 **同步工程**（见图7-6）。

CAD和互联网的使用改进了设计师之间的联系方式。然而，这并没有给修改设计图纸带来多少帮助。修改图纸仍然是一件非常耗时的事情。参数化建模的出现改变了这种状况。参数化(处理参数)制图使得工程师不需要重新绘制草图，就能轻松修改物体的参数，如宽度、高度和深度，甚至还可以修改孔的尺寸和位置。我们常常称这一过程为尺寸驱动或几何驱动绘图。

稍后我们将在本章介绍使用参数化建模绘制物体的基本步骤。

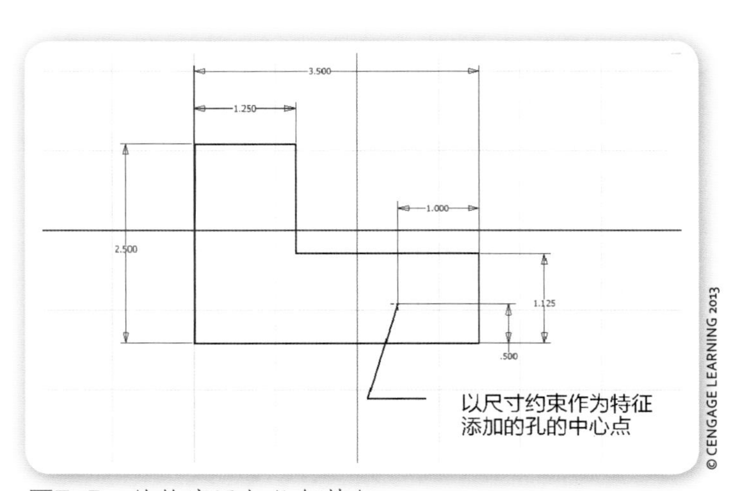

图7-5　给轮廓添加几何特征。

工程学中的科学

应力分析是一种使用科学知识来计算诸如桥梁、汽车车身、汽车车架甚至自行车车架等结构所使用的材料的力学性能的工程方法。这一科学方法的目的是确定某个结构能否安全承载一定大小的力或荷载。我们进行如压力、张力和扭力等力学分析，以检验结构的强度。

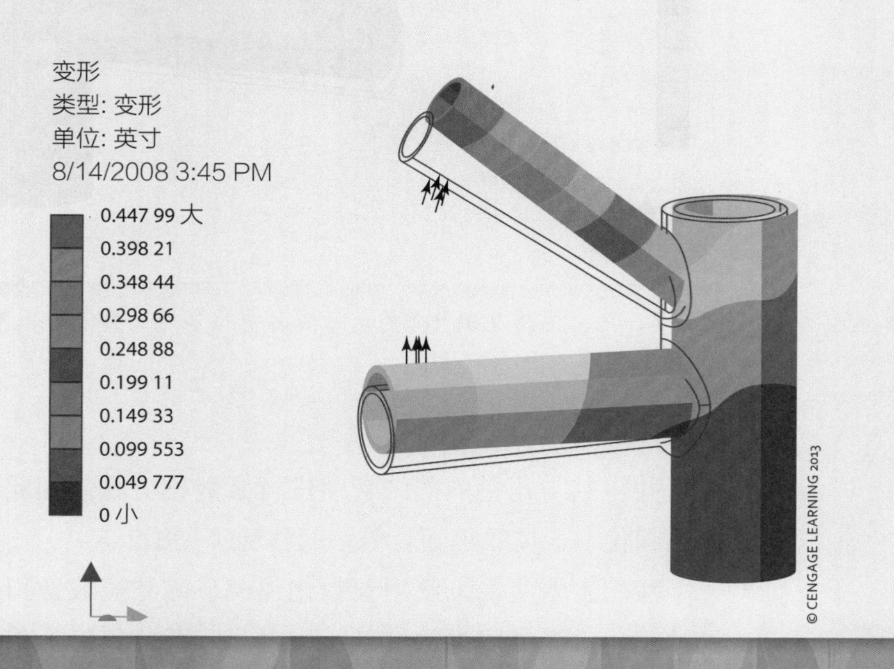

什么人使用参数化建模?

到目前为止，我们只讲到了工程师和设计者是参数化建模的用户。他们使用这种绘图程序来设计产品、分析产品的结构和机械特性。通过使用参数化建模，工程师在产品生产出来之前就可以测试他们设计的产品的强度或各部件的机械性能。这种 **工程分析** 方法节省了时间和资金（见图7–7）。

不止工程师会使用参数化建模，现在从事计算机图形和动画制作的人员也使用这类程序。艺术家，有时叫做动画家，绘制角色的皮

图7–6　工程师、制造商、销售代表甚至包括会计组成了一个同步工程小组。

工程分析（engineering analysis）

设计的产品生产出来之前，工程师测试产品的强度或产品内部各部件的机械动作情况的方法。

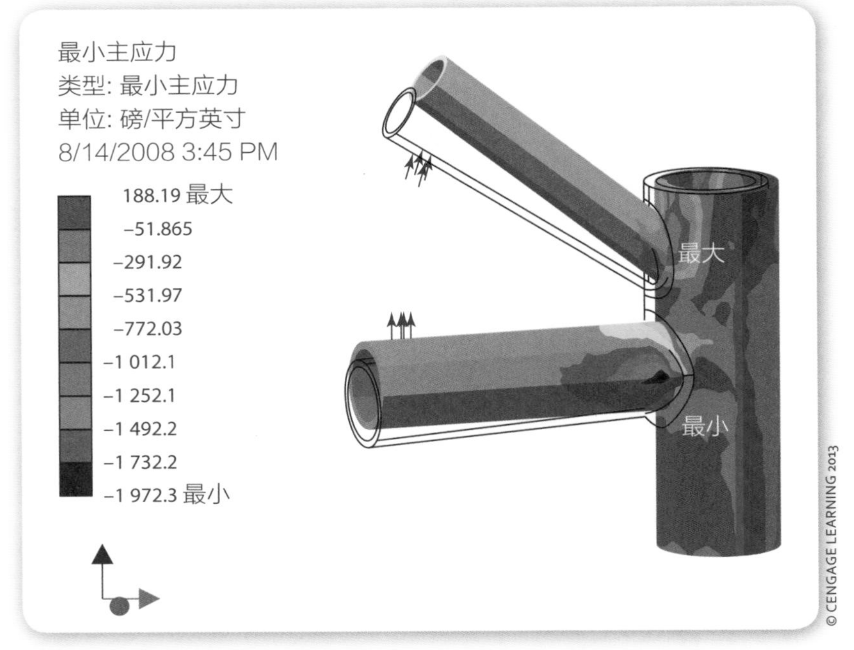

图7-7　Autodesk Inventor是众多使用中的分析工具中的一种。

肤，并将其与角色内部的骨骼进行参数化关联。因此，当骨骼移动时（动画化），皮肤也随骨骼一起移动（见图7–8）。

医疗实体建模也使用参数化建模。磁共振成像扫描仪使用这种建模技术生成身体内的三维特征图像。工程师将医疗信息和参数化建模相结合来设计假肢（义肢）和身体部件如胯关节和膝关节的置换部件（见图7–9）。

使用3D打印机时，工程师也会使用参数化建模来创建模型部件。3D打印机是一种三维“打印”方式。不同的快速成型机使用不同的材料来制作模型，如塑料或者淀粉基材料（见图7–10）。

图7-8　除了工程设计，参数化建模也应用于动画制作。

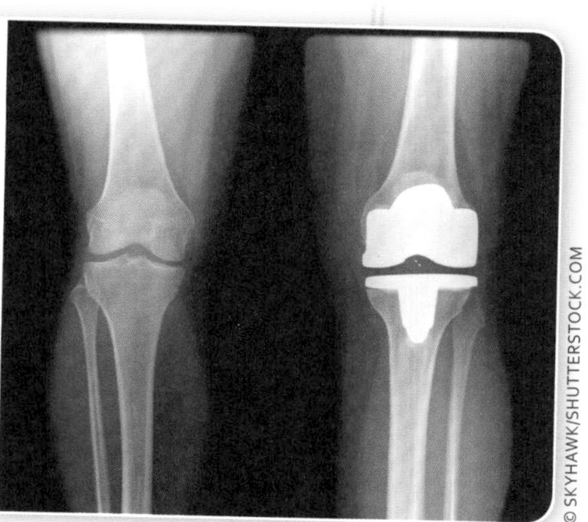

图7-9　使用参数化建模设计义肢及置换胯关节和膝关节。

图7-10　用参数化建模设计完一个部件之后，该部件的模型可以使用快速成型机快速“打印”出来，有时候这种快速成型机被称为3D打印机。（a）桥梁模型；（b）机电弹簧；（c）快速成型机；（d）圆锯模型；（e）活动扳手模型。

参数化建模的优点

传统的CAD制图要求工程师准确地画出几何图形的尺寸和形状。如果要修改设计的尺寸和形状，工程师就不得不重新绘图，图形的尺寸标注同样也要修改。而参数化建模只需要修改尺寸标注，当约束尺寸修改之后，图形就会自动作出相应的调整。

在参数化建模中，编辑一个简单或复杂的几何图形，其他相关的视图将自动改变。例如，在一个物体的视图中，当孔的直径和深度改变时，视图的其他部分也会发生变化。尺寸标注和几何形状都会相应调整。

最后，工程师还可以查看制作的部件和生成无数个视图。

第二节：使用参数化建模开发产品

工程师有多个参数化建模软件程序可以选择。每个程序的思路和基本方法都是相似的。在本节，我们将通过软件Autodesk Inventor来讲解这个思路，以阐释这种建模方法。

传统CAD制图

传统的CAD程序要求画出线条和图形的所要求的准确尺寸。例如，画一个4英寸的正方形就必须画4英寸。如果画了3英寸，而尺寸标注为4英寸，那这个正方形实际上还是3英寸。然而，在参数化建模中，可以画任意尺寸的正方形，然后标注为4英寸，这个正方形就会自动变成4英寸（见图7-11）。

在CAD中，改变正方形的尺寸需要你重新绘制正方形，并修改尺寸标注。而在参数化建模中，只需要修改尺寸标注，就可以改变正方形的尺寸。绘制基本的图形通常被称为绘制草图。

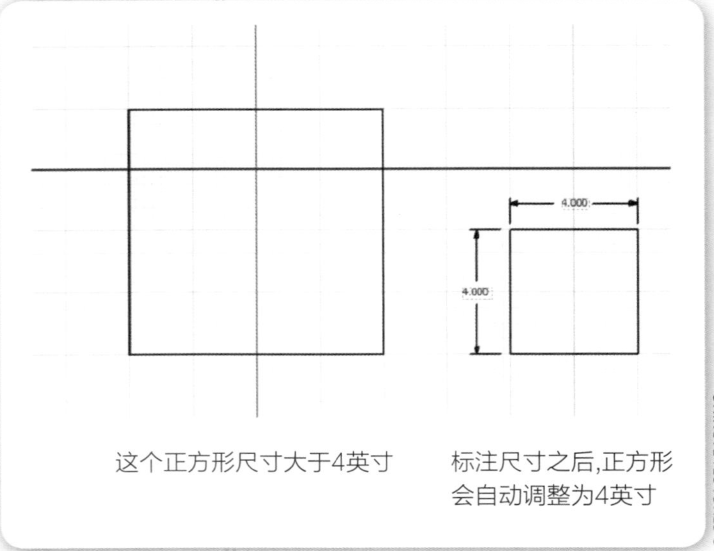

4.000

4.000

这个正方形尺寸大于4英寸

标注尺寸之后,正方形会自动调整为4英寸

图7-11 在参数化建模中，一个正方形可以以任意尺寸绘制，然后标注尺寸为4英寸；这个正方形会自动调整为4英寸。你画任何尺寸的图形都没有关系，一旦你设置了尺寸标注，图形就会自动调整为那个尺寸。

几何图形

在你尝试参数化制图之前，熟悉一些基本的二维和三维几何图形是很重要的。你必须先能用计算机绘制二维的长方形、圆形、弧形或者三角形之后，才能将其转化为诸如立方体、球体和锥体等三维几何实体。复习第4章的内容可以让你对几何图形有更深的理解。

笛卡儿坐标系

CAD程序中的二维和三维绘图是基于数学中的 **笛卡儿坐标系** 的。这个坐标系提供了一种在绘图屏幕上定位的方法。理解并且运用这个坐标系非常重要。

那么笛卡儿坐标系是怎么回事呢？非常简单，坐标系使用两条直线，称为坐标轴，两条线互相垂直（呈直角），形成一个平面，称为*xy*–平面。我们称水平的轴为*x*轴或者*x*坐标（也常叫做点的横坐标），竖直的轴称为*y*轴或*y*坐标（也常叫做点的纵坐标）（见图7–12）。两轴的交点叫做 **原点** ，标记为O（origin的第一个字母）或者（0, 0）。*x*轴是水平的，*y*轴是竖直的。我们将坐标系分成4个象限，并用罗马数字标记：Ⅰ(+, +)，Ⅱ(–, +)，Ⅲ(–, –)，Ⅳ(+, –)（见图7–12）。象限通常是逆时针标记，右上角的象限为第Ⅰ象限。每个坐标上的数字要么为负（–），要么为正（+）。如果它们位于*x*轴（水平轴）的上方，那么其*y*值为正，反之其*y*值为负。如果它们位于*y*轴（竖直轴）的右边，那么其*x*值为正，反之其*x*值为负。这些可以在图7–12中看到。

笛卡儿坐标系（Cantesian coordinate system）

笛卡尔坐标系是一种对二维和三维空间中点进行定位的数学图形系统。

原点（origin）

原点[记为O或者（0，0）]是*x*轴和*y*轴的交点。

CAD只使用第Ⅰ象限（右上角）。这意味着*x*值和*y*值总是正的。在这个象限中，我们可以通过确定两点来画一条直线，例如，*x*2，*y*3和*x*5，*y*3[通常表示为（2，3）和（5，3）]。先从找第一个点开始，第一个点位于从原点出发沿*x*轴向右2个单位，沿*y*轴平行向上3个单位的位置。第二个点位于从原点出发沿*x*轴向右5个单位，沿*y*轴平行向上3个单位长度的位置。连接这两个点，我们可以得到3个单位的水平线段（见图7–13）。在二维系统中，所有的点和线都

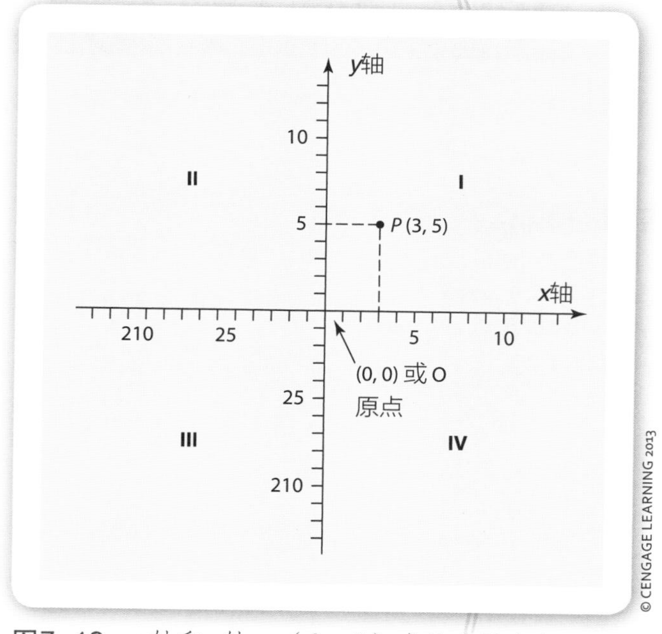

图7–12 *x*轴和*y*轴，（0，0）或O（原点），以及四个象限。

工程学中的数学

笛卡儿坐标系有许多应用，包括机器人技术、计算机控制加工和本章提到的计算机辅助制图。不过，现今最常用的系统是经度、纬度和高度或海拔等世界映射概念。本初子午线是测量经度的起始经线，表示为y轴。赤道是纬线的起始线，表示为x轴。地面上方到海平面的距离称为高度（海拔），或者z轴。我们使用这种三维笛卡儿坐标系的数学概念来制作地图，进行全球定位（更常用的说法是GPS）。

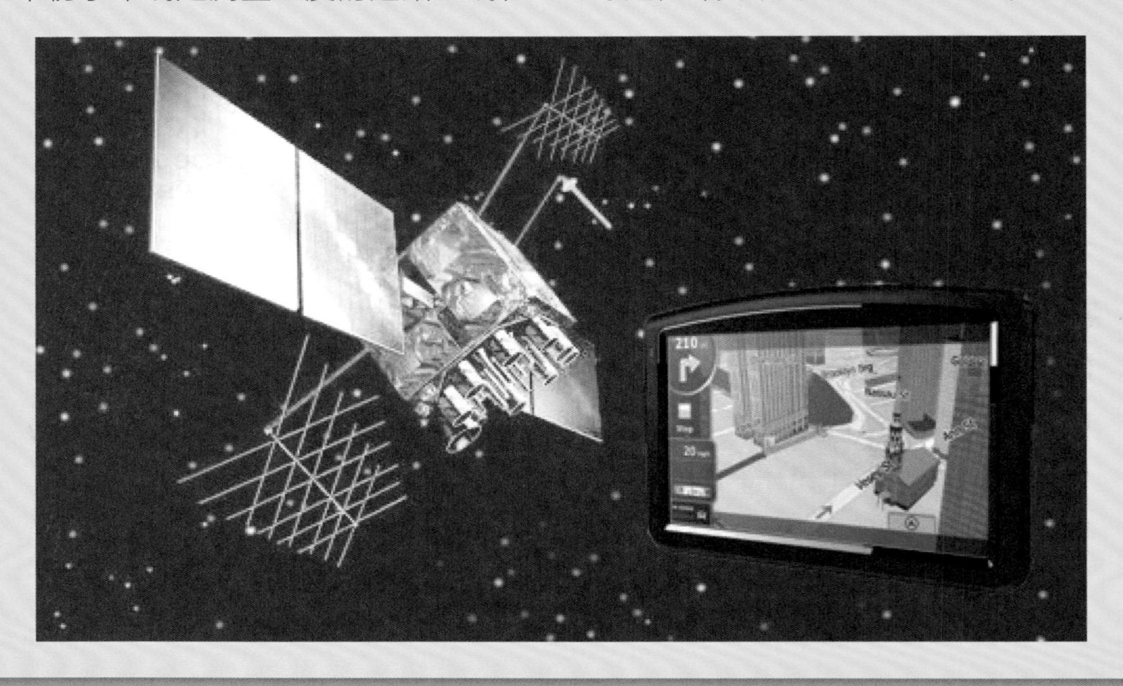

平面（plane）

平面指的是一个没有厚度的平坦的面，类似于一张无限延伸的纸片。

位于*x*轴和*y*轴形成的单个平面内。**平面** 指的是一个没有厚度的平坦的面，类似于一张无限延伸的纸片。

三维笛卡儿坐标系使用3个坐标轴，*x*轴、*y*轴和*z*轴。看图7–14，这3个坐标轴相互垂直。这个坐标系可以让观察者看到空间中的任意一点。看一看你的教室，观察房间里两面墙与地板交汇的角落。地板与一面墙的交汇线形成了一个坐标轴，与另一面墙交汇线则形成了另一个坐标轴。第3个坐标轴是竖直的，由两面墙交汇形成。这3个轴形成了3个平面——*xy*，*yz*和*xz*（见图7–15）。理解这些对你进行参数化建模非常重要。

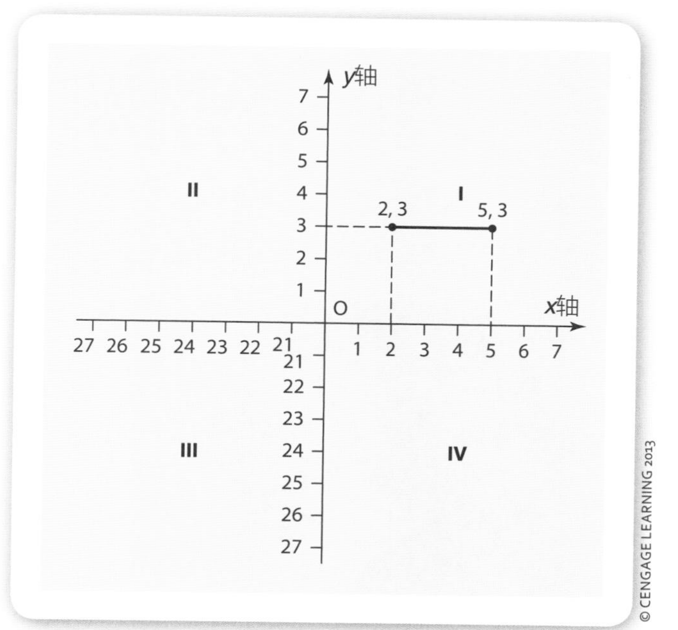

图7–13　画一条线段。

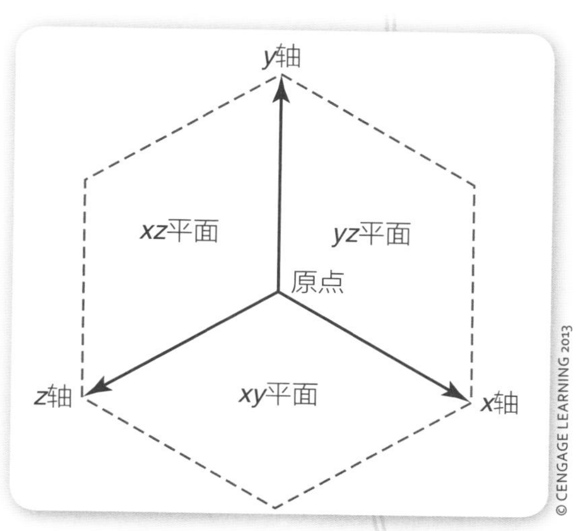

图7–14　三维笛卡儿坐标系中的*xy*、*xz*与*yz*平面。

图7–15　墙和地板形成了三维的笛卡儿坐标系。

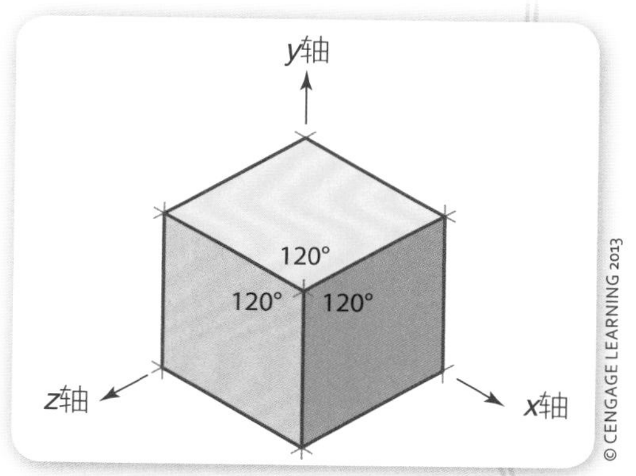

图7–16　等角图展示了三维笛卡儿坐标系各部分之间的关系。

等角图是应用三维笛卡儿坐标系的一个例子。回想在第5章你学习的等角图绘制。图7–16展示了等角图中三维笛卡儿坐标系各部分间的关系。

6个基本步骤

制作一个参数化的零件模型，有6个基本步骤：

1. 绘制零件基本形状的三维轮廓草图（绘制几何草图）。
2. 在二维草图上施加几何约束和尺寸约束。

你知道吗？

1637年，法国数学家、哲学家勒内·笛卡儿（René Pescartes）和法国律师、数学家皮埃尔·德·费马（Pierre de Fermat）分别独立创建了笛卡儿坐标系。

皮埃尔·德·费马。

勒内·笛卡儿。

3. 通过对二维草图进行拉伸、剪裁和旋转创建一个三维实体。

4. 继续修改零件，添加一些其他的几何特征，比如孔、凹槽和斜角等。

5. 组装零件。

6. 为制作产品绘制一副制作图。

下面我们分别讨论每一个步骤。

步骤1：绘制几何轮廓草图 我们通常把用参数化建模程序绘制几何图形称为 **素描几何** 。第1步就是勾勒轮廓视图的形状（也就是物体某一侧的二维视图）。它可能是一个正方形、圆形或者更复杂的图形。在这个例子中，我们会使用更复杂的图形（见图7–17）。记住，在这一步，你没有必要把尺寸或形状画得很精确，但在下一步中要注意这一点。

素描几何（sketch geometry）

素描几何是一种用参数化建模程序绘制几何图形的方法。

步骤2：施加几何约束和尺寸约束 第2步是对几何草图进行约束，如边缘（线）、圆和中心点，以及它们的尺寸和位置（尺寸标注）。几何约束的类型包含平行、垂直、相切和同轴等（见图7-18）。（了解这些术语的更多信息，请查阅第4章中几何语言相关的部分。）随着你频繁地使用参数化建模，你会对这些约束类型越来越熟悉。尺寸标注有两种类型：（1）尺寸（例如，线段的长度，圆或圆弧的大小）；（2）位置（例如，物体两端孔的中心的位置）（见图7-19）。

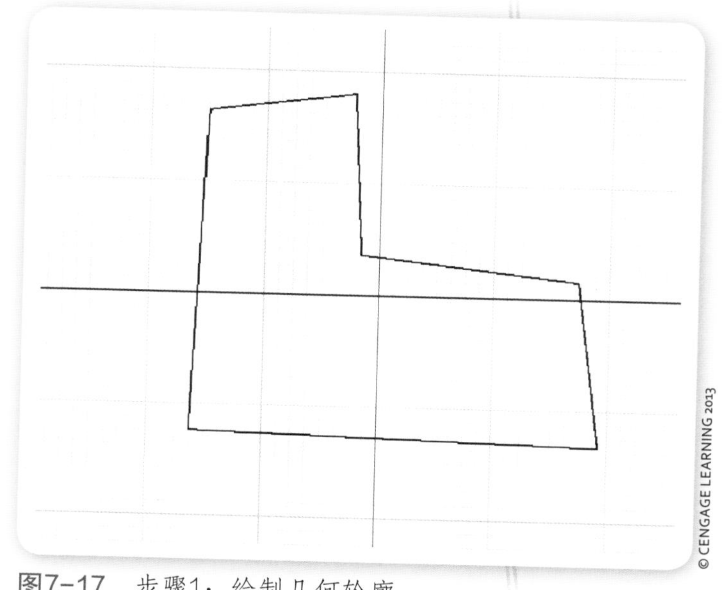

图7-17 步骤1：绘制几何轮廓。

步骤3：建立三维实体图形 绘制几何图形，添加几何约束和尺寸约束后，我们要将二维图形转化为三维图形。我们通过将二维轮廓视图改为三维视图（这里使用等角视图）来实现（见图7-20和7-21）。我们需要将二维绘图工具栏换成三维绘图工具栏。大多数建模软件程序都有一个工具命令，可以将等角轮廓拉抻成为三维实体。**拉伸** 是一种增加几何图形厚度的方法。建模程序可以将轮廓图向前或者向后拉

> **拉伸(extruding)**
> 在参数化建模中，拉伸是一种增加几何图形深度的方法。

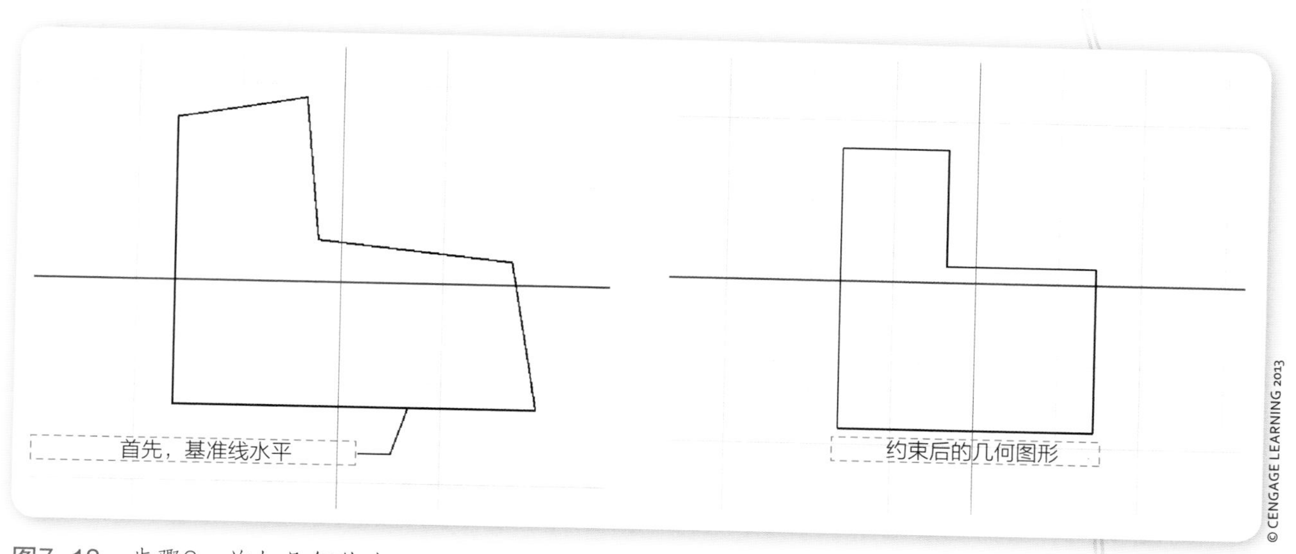

图7-18 步骤2：施加几何约束。

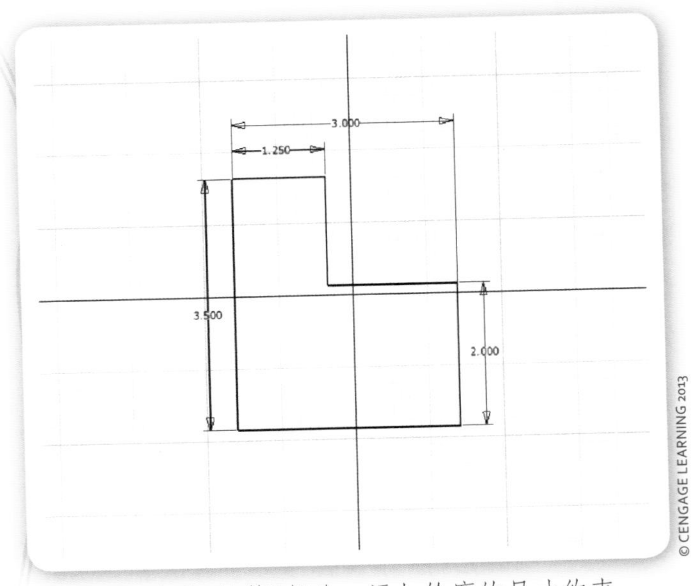

图7-19 步骤2的第2部分，添加轮廓的尺寸约束。

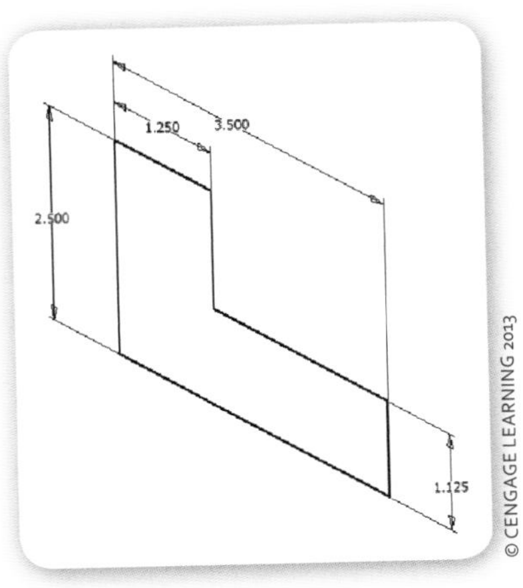

图7-20 两步将二维视图转换成等角（三维）视图。

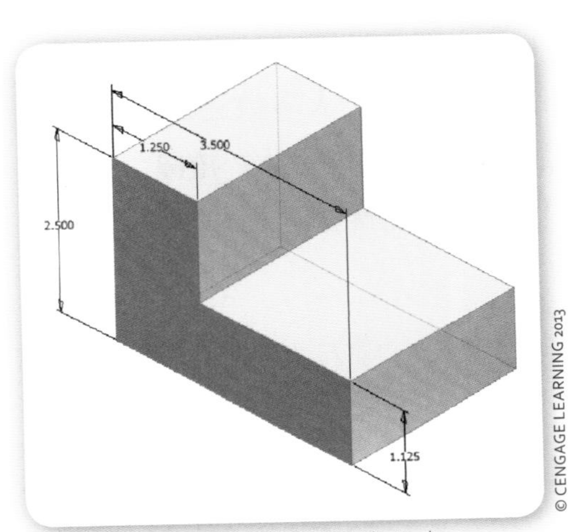

图7-21 绘制等角视图的几何图形。

图7-22 将轮廓图拉伸成三维模型。

伸。建议向后拉伸，这样可以确保物体轮廓为前视图（见图7-22）。

步骤4：添加零件特征 产品零件通常比一个简单的块状或L形物件更加复杂。这些零件可能会有孔、凹槽、支架和凸脊等，而这些只是所有特征的一小部分。我们创建好基本的几何图形之后，可以添加这些特征。

在本例中，我们会在物体上添加一个孔。返回到二维绘图工具栏。我们要选一个绘图平面来画物体的表面。在参数化建模软件中，**绘图平面**是指绘制几何特征的面。在面上选择绘图平面的位置，并画一个孔。接下来，选择中心点几何工具；然后点击绘图平面的任意位置，标出孔的中心点（见图7-23）。在物体面所需要的位置添加尺寸约束以确定中心点的位置（见图7-24）。

再回到三维工具栏，选择孔工具，选择孔的直径并指定孔在物体内部的深度。设置孔的直径为0.5英寸，深度足够贯穿整个物体（见图7-25和图7-26）。

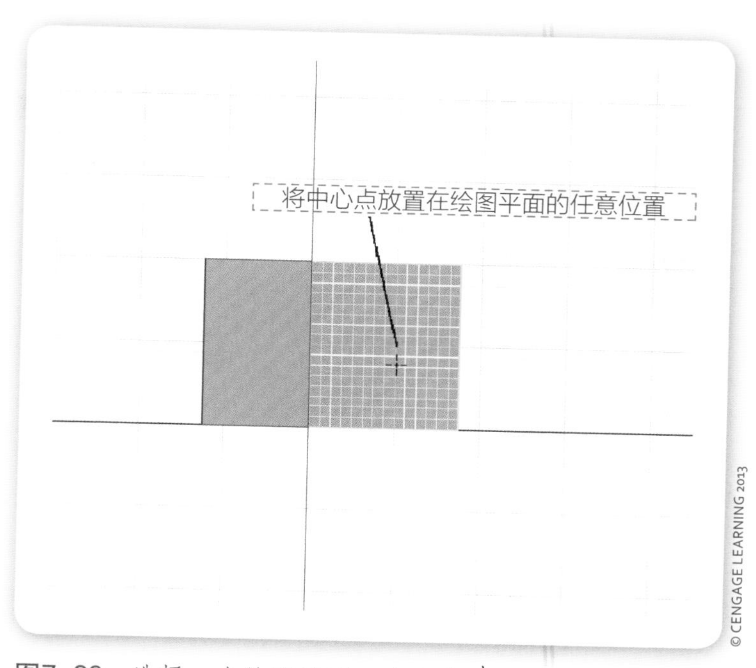

图7-23　选择一个绘图平面，确定中心点。

绘图平面 (sketch plane)

在参数化建模中，绘图平面是绘制几何特征的面。

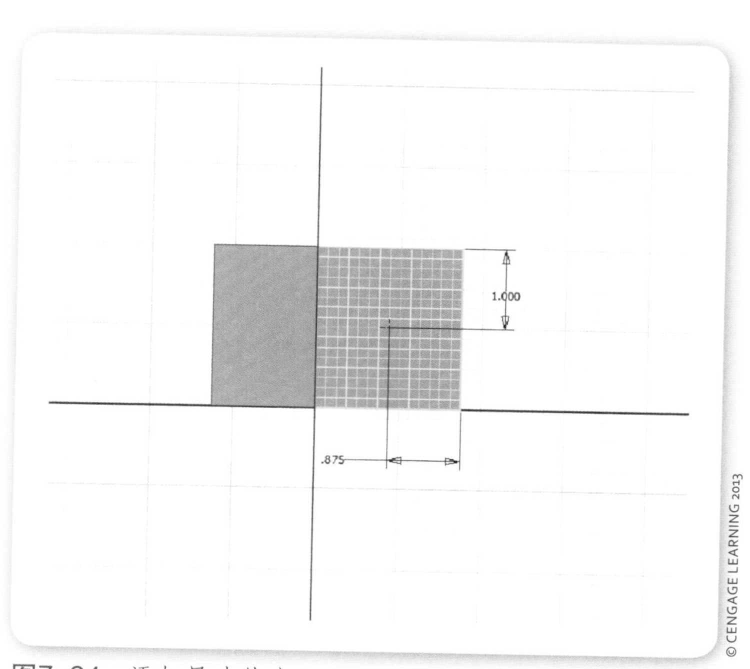

图7-24　添加尺寸约束。

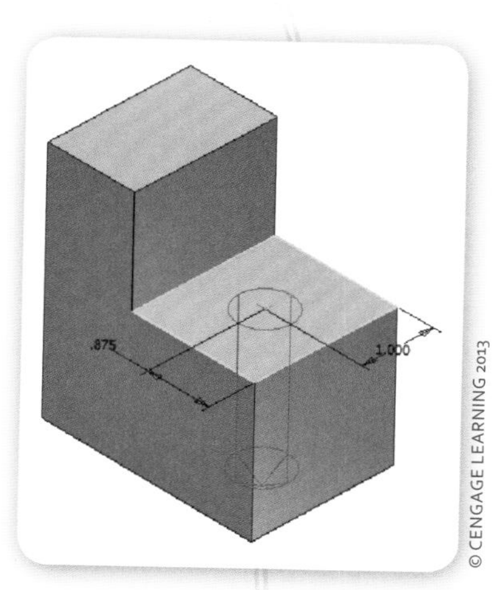

图7-25　添加孔特征。

图7-26　完成几何图形。

图7-27　组装零件。

图7-28　组装好的零件。

制作图（working drawing）

制作图是指带有尺寸和标注的，表示一个物体不同视图的二维图形（例如:前视图、俯视图）。

步骤5：组装零件　大多数的设计产品不止有一个零件，因此需要组装（见图7–27）。这是设计过程的一部分，我们必须确保各个零件可以顺利地组装，所以设计师必须能够说明各零件之间的配合程度。而这时并不需要把产品制作或建造出来。参数化建模为设计师提供了生成组装产品的计算机模型所必需的绘图工具。

每个参数化建模软件程序组装产品的过程大同小异。基本的过程是，打开组装文件（在Autodesk Inventor软件中是Standard.iam）生成组装模型，再将产品的各个零件导入，并约束在完整产品中应处于的正确的位置和方向（见图7–28）。

步骤6：为生产绘制制作图　产品的立体（3D）图可以帮助工程师和其他与产品的设计、销售相关人员理解产品是如何工作的。而那些生产产品相关的人员必须有非常详细的2维草图才能正确地生产产品。立体图并不能提供他们需要的一些细节。**制作图**（有时也叫施工图）是非常必要的（见图7–29）。

如第6章中提到的，制作图是各个零件的二维草图，它有不同的视图（例如：前视图，侧视图和俯视图），带有尺寸标注和注释（见图7–30）。参数化建模软件使绘制制作图变得简单。

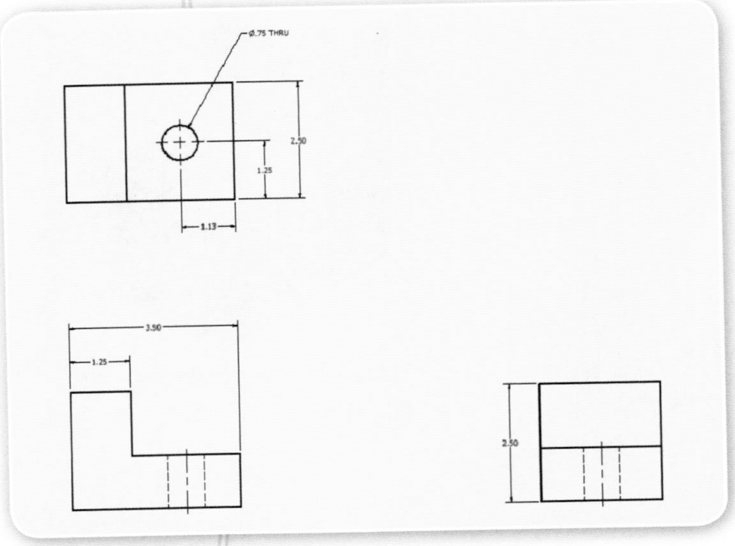

图7–29　生产用的制作图（也叫施工图）。

我们可以使用Autodesk Inventor中格式为Standard.idw的文件来绘制制作图。绘制完成后，我们还可以在每个视图上添加合适的尺寸标注和注释。

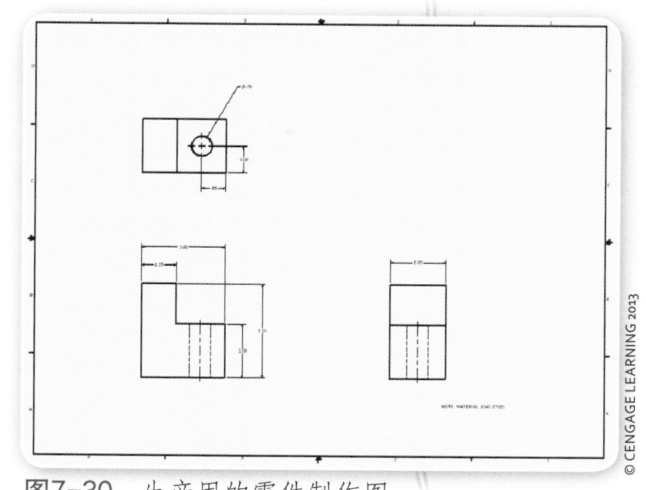

图7-30 生产用的零件制作图。

总 结

在本章中你学习了

- 当今，工程师、设计师、动画艺术家甚至医学领域的工程师都使用参数化建模软件。
- 参数化建模使用软件设计产品的同时实现了工程实践，提高了效率，缩短了时间。
- 对二维和三维几何图形的理解对实际运用参数化建模是非常必要的。
- 二维和三维CAD程序使用笛卡儿坐标系来确定草图中点的位置。
- 与传统CAD相比，参数化建模的最大优势之一是它的编辑（改变、修正）功能。
- 在参数化建模中，我们可以将一些基本的几何图形组装成复杂的图形。
- 参数化建模软件是一种基于几何坐标系原理的软件。

词　汇

用你自己的话给下列词语下定义。然后，把你自己的答案和本章给出的定义进行对比。

CAD
参数化建模
轮廓图
几何约束
参数
同步工程
工程分析
笛卡儿坐标系
原点
平面
绘制几何草图
拉伸
绘图平面
制作图

知识拓展

请仔细思考，并写出下列问题的答案。

1. 对比分析传统CAD与参数化建模之间的不同。
2. 讨论哪一类软件——CAD或者参数化建模——会应用于同步工程设计，并说明原因。
3. 概述使用参数化建模软件绘制一个中心有孔的立方体模型的步骤。
4. 解释在参数化建模中为什么添加几何约束和尺寸约束对设计过程有帮助。
5. 除本章提到的以外，设想一个参数化建模的新用途。

工程学挑战

设计工程师每天与生产工程师、营销专家及其他相关人员一起制作设计方案。他们一起工作就叫做同步工程。假设你是一名设计工程师。你的任务是挑选两名同学加入你的同步工程小组，并解决下面的设计问题。确保你的小组包括一名生产工程师（设计生产工艺的人）和一名营销专家（设计广告宣传方案的人）。为使产品畅销，你的小组必须进行团队合作。

设计问题：设计一个小相框，要求能装3英寸×5英寸的照片，并能显示日期和实时温度。

解决方案：必须使用参数化建模来解决这个问题。提供一副等角图、一副二维组装机械图，以及每个零件的机械图。另外，你的小组还需要提供制作这个相框的步骤列表（不包括时钟和温度计）及推销这个产品的广告传单。

继续进入下一章

第8章 原型

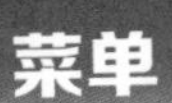

菜单

头脑准备

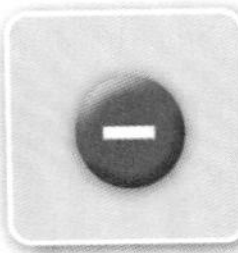

在学习本章的概念时，请思考下面的问题：

1. 什么是原型？
2. 原型和模型有什么不同？
3. 工程师为什么要对材料进行分类？
4. 材料的力学性能都有哪些？
5. 在设计产品时，为什么工程师要了解材料的力学性能？
6. 在制作原型时，为什么工程师需要理解材料的力学性能？
7. 可以给一种材料施加什么外力？

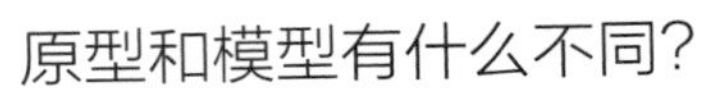

托马斯 · 爱迪生的“会说话的机器”。

应用中的工程学

如果不是100多年前工程师制造和测试了原型机，恐怕今天你还不能从收音机、MP3播放器或iPod等便携式电子设备上听音乐。

托马斯 · A. 爱迪生（Thomas A. Edison）于1877年制作了第1台“会说话的机器”的原型。最初，爱迪生并没有想到他的留声机可以记录音乐。但在他测试留声机，并根据测试结果作了修改之后，他的设计成功了。最终，人们听到了童谣“玛丽有1只小羊羔”从爱迪生的机器里传出来。

爱迪生明白这次测试的设计作品的重要性。终于，人们开始称这位成功的发明家为“门洛帕克的奇才”。今天，你依然应该为可以随时随地听到自己最喜欢的音乐感谢爱迪生。

你知道吗？

1869年，托马斯·A. 爱迪生因发明电子投票器获得了他的第一个专利（专利号：90646）。然而，当年并没有人对这个机器有兴趣，他决心再也不发明卖不出去的产品了。

第一节：什么是原型？

工程师设计完一件产品之后，必须对其进行物理测试。现代的计算机技术使得工程师在测试之前，可以使用参数化建模中的CAD软件来测试他们的设计。然后，在产品投入生产之前，对设计进行物理测试。对工程师来说，产品有两种展示类型：模型和原型。

模型

模型（model）
模型是对现有物体的三维展示。

模型 是对现有物体的三维展示。模型不是全尺寸的。他们通常比已经建造出来的或计划建造的实物要小。想一想你可能买了的飞机模型、地球仪（地球的模型）或者如图8-1所示的房子模型。这些模型相应的实物都是已存在的，而这些缩小版的模型则可以让你把它们带进

图8-1　建筑师常常制作建筑模型。

你的房间。有些模型则比实物更大。一个例子就是科学课堂中使用的人眼模型。工程师并不测试模型。

图8-2　自行车的参数化模型进展至实体模型与原型测试。

原型

如第3章中提到的，**原型** 是一种用来测试设计方案的全尺寸的工作模型。通过观察、测试和测量，工程师可以了解他们的设计方案能否解决问题。原型制作为全尺寸的，以便进行测试。如果你在设计一辆新的自行车，就需要有人骑一骑以便测试这个新设计，只用一个小模型显然是不行的。工程师根据原型测试的结果来修改他们的设计，以便于对产品进行优化。图8-2所示的是一辆新设计的自行车的参数化模型、实体模型和原型。

原型（prototype）

原型是一种用来测试设计方案的全尺寸的工作模型，其用处是通过对它的实际观测来测试设计方案。

制造（fabrication）

制造是指制作或创造某个物体的过程。

第二节：材料

在制造原型和实际产品时，工程师和技术人员要用到多种材料。**制造** 是指制作或创造某个物体的过程。我们可以将制造产品的材料分为两种基本类型：天然材料与合成材料。

天然材料

天然材料是由地球或生物有机体自然产生的，如铁矿石、花岗岩和木材等。木材易于制作加工，因此，它就成为制作原型最常用的天然材料。我们也可以使用各种金属来制作原型。

我们将木材分为两类：硬木和软木。硬木来自落叶乔木，即每年都会落叶的树木。硬木包括橡树、枫树和胡桃树等，因其外观和强度一般适合制作成家具。软木来自有针状叶子、可以结雌性球果的球果植物或常青树（见图8-3）。

图8-3　软木来自针叶树，而硬木来自落叶乔木。

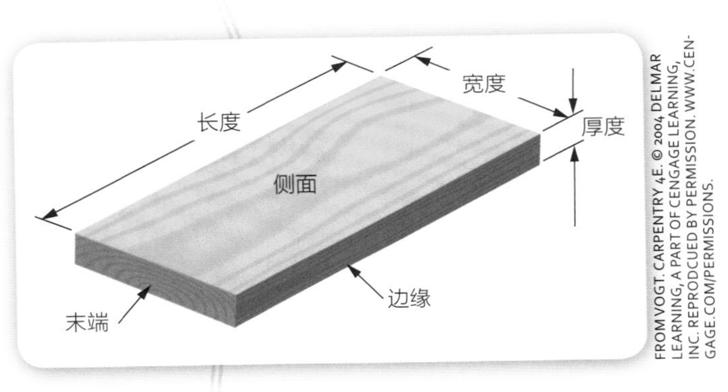

图8-4　我们用特定的名称来区分木材的各个面。

因为落叶性树木生长缓慢，他们的木材价格比软木要高。顾名思义，软木的强度不如硬木。软木易于加工，因而我们通常使用它们制作原型。最常见的软木是松木。

如图8-4，木材的尺寸取决于它的长度（顺着纹方向）、宽度（垂直纹理方向）和厚度。木材中的纹路实际上是树的年轮。如果你劈过柴火，你就会知道，木材的强度取决于它的顺纹。工程师利用这一点制作了另一种木材产品，叫做胶合板。如图8-5所示，胶合板是按照木材的纹理方向交叉粘合的，强度得到大大的提升，我们称这种材料的分层为层压。在加工和原型制作中，当需要较大的平面时，工程师会选用胶合板。

黑色金属(ferrous metals)

黑色金属包含铁。

有色金属（nonferrous metals）

有色金属不包含铁。

金属是原型制作中另一种天然材料。金属结实、不透明、导电、反光、比水重并且可以熔化、浇铸和塑形。我们将金属分成含有铁的金属（**黑色金属**）和不含铁的金属（**有色金属**）。黑色金属包括铁和钢。有色金属包括铜、铝、金和银。我们可以将两种或两种以上的金属混合制成**合金**。工程师根据性能的需要来合成合金。例如：钢是铁和碳的合金。碳使得钢比纯铁强度更高。黄铜是铜和锌的合金。

玻璃、黏土和陶土也属于天然材料，但是它们不常用于原型的制作。

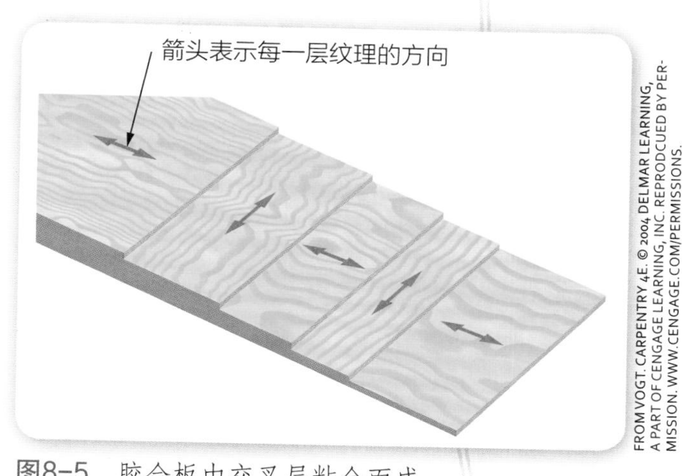

图8-5 胶合板由交叉层粘合而成。

合成材料

合成材料是由人类生产出来的材料。人类通过改变石油等天然材料的化学结构来制造所需性能的材料。我们最常用的合成材料为 **塑料** ，它们是通过加热、加压，或者既加热又加压，从而得到由对大分子材料进行塑造而成的合成材料。我们主要从石油产品中生产塑料。我们可以将塑料分成两类：热塑性塑料和热固性塑料。热塑性塑料可以被多次加热改变形状。热固性塑料只能通过加热塑形一次。

常用的热塑性塑料包括聚乙烯、聚苯乙烯、丙烯酸塑料、聚氯乙烯以及聚丙烯（见图8-6）。我们可以通过查看产品上的三角形回收标识很容易地分辨这些塑料。聚乙烯是由天然气制成的。我们使用聚乙烯来生产很多不同的产品，如牛奶包装盒。聚苯乙烯是一种价格低廉且易于制造的合成材料。我们常用聚苯乙烯制作野餐时用的塑料餐

合金(alloy)

合金是将两种或两种以上的金属混合而成的一种材料。

塑料(plastics)

塑料是一种大分子合成材料，可以通过加热塑形，而且主要从石油产品中获取。

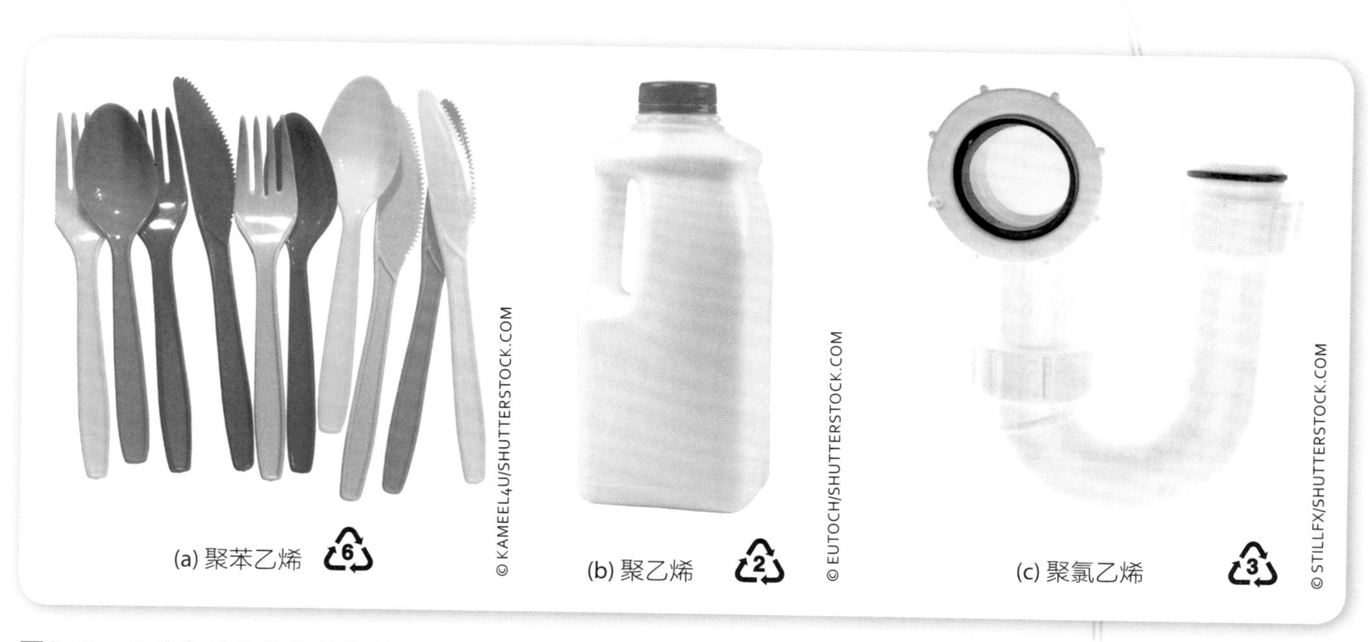

图8-6 三种常见的热塑性塑料、(a) 聚苯乙烯，(b) 聚乙烯，(c) 聚氯乙烯。

工程学中的科学

大多数塑料由石油产品制成，石油则是由化石燃料形成的。化石燃料是非可再生资源，这也是塑料应该回收利用的一个原因。今天，美国回收了大约5%的塑料产品。废弃的塑料，尤其是水瓶，已经成为一个严重的环境问题（见图8-7）。

为什么美国只回收这么少的塑料呢？这个问题很复杂。一个原因可能是每种塑料都有不同的特性，因此不同类型的塑料需要分类回收。为了帮助消费者和回收人员分辨不同种类的塑料，塑料工程师协会设计了一套标识符号（见图8-6）。目前，在美国有39个州在塑料产品上采用了这些符号。科学家也正在探索更好地回收塑料的方式。

© HUGUETTE ROE/SHUTTERSTOCK.COM

图8-7　塑料水瓶垃圾堆积如山。

©ISTOCKPHOTO/PATRICK HERRERA

图8-8　电开关板由热固性塑料制成。

具。丙烯酸塑料是一种耐用的合成材料，多为片状、无色或染色，常用来制作透明容器，如鱼缸、沙拉盘等。我们可以在很多管道系统中发现聚氯乙烯，即PVC。聚丙烯是一种塑造性很强的塑料，它还用于制作绝热冬装。

常用的两类热固性塑料是聚酯和酚醛树脂。聚酯可以满足我们对材料高强度的需求。我们可以用酚醛树脂，有时也叫做人造树胶制作电子元件（见图8-8）。热固性塑料的制造需要专门的设备，因此在原型制作中不常用到。大多数的热固性塑料也不能循环利用。

力学性能

工程师使用术语 **力学性能** 来描述材料的特性。硬度、韧性、弹性、塑性、脆性、延展性和强度是最常描述的特性。通过多年的研究和学习，工程师设计出了对每一项力学性能进行测试的方法。

力学性能(mechanical properties)

力学性能是对材料特性的描述，包括硬度、韧性、弹性、塑性、脆性、延展性和强度。

硬度是指材料抵抗其他物体对它施加的持续压力的能力。工程师可以根据硬度了解材料的耐磨性。钻石硬度非常高，我们有时候用它来切割金属。而像松木这样的材料甚至不能承受钉入一个钉子的力，所以我们认为松木是一种软材料。

韧性是指材料承受施加其上的力的能力。它表征了材料吸收能量的能力。垒球手套韧性很好。每次你接球的时候，它就会吸收来自垒球的能量。手套的皮革会有些弯曲，但不会破裂。

材料受力时，一般都会变形。弹性是指外力消失后，材料恢复到原来的形状的能力。弹簧便是一种高弹性的产品，受力时，弹簧会压缩，当力撤去以后，弹簧又恢复了原来的形状。弹性只是材料形状的一种临时改变。另一方面，塑性是指材料发生形变之后，永久维持新形状的能力。

脆性是指材料不具有塑性，容易折断。脆性是与塑性相反的特性。脆性材料只会折断而不会变形。玻璃就是脆性材料的一个例子。玻璃不会吸收来自垒球的能量，它只会破碎。

延展性是指材料弯曲、拉伸或者扭曲时不易折断的性质。大多数金属的延展性都很好。你可以把它们弯曲成某些形状。木材，如松木，虽然柔软，却不具有延展性。你并不能完好地掰弯一根松木。

强度是指材料承受外力而不变形或者不折断的能力。我们可以对材料施加四种类型的力：拉力、压力、扭力和剪切力。工程师用这四种力来衡量和描述材料的强度，然后根据零件将要承受的力的类型来选择制作原型所需要的材料。

图8-9 拔河比赛中的绳子受到了拉力。

工程学中的数学

工程师研究材料的强度，首先要了解材料的面积。数学则提供了计算任一物体表面面积的计算公式。查阅你的数学课本，找出正方形、长方形、三角形和圆形的面积计算公式。

工程学挑战

工程学挑战1

你的工程小组要研究五种不同的材料，并对它们的力学性能进行评估。完成下面3种测试，思考如何更好地报告你们的发现，并提交1份技术报告来说明你的发现。

要测试的材料：

松木框架（或者木尺）

1根椽木（1英寸×2英寸）

1块旧牌照（或22Ga.的铝）

角钢

丙烯酸塑料（厚1/16英寸）

需要的工具：

划针

木锤

硬度测试：将每种材料放在工作台上。将划针针尖放在材料上，用木锤敲击划针。对每种材料重复这个测试。

韧性测试：将每种材料放在工作台上。将划针针尖放在材料上，然后像写你的名字一样在材料上划。对每种材料重复这个测试。

弹性和塑性测试：将每种材料放在工作台上，其中材料的一半悬空在工作台的边缘。将材料在工作台上，对悬空的一端施加压力，然后放开。对每种材料重复这个测试。

工程学中的数学

你研究过储蓄账户中的钱是怎样根据利率百分比增长的吗？工程师使用相同的数学计算方式来确定材料在拉力下的伸长或压力下的缩短的百分比。银行家和工程师都需要能够计算和理解百分比。

拉力是指从两端拉材料的力。图8-9所示为两队在进行拔河比赛。两队之间的绳子受到了拉力。压力是推或者挤压材料的力。图8-10所示的凳子受到了来自大象体重的压力。扭力是指扭曲材料的力。如图8-11所示，你要对橡皮筋施加一个扭力，才能让装有发条的飞机飞起来。橡胶材料很容易旋转，没有很强的扭转强度。剪切力是指使物体分裂的力的集合，每个力位于材料的不同侧。图8-12中的纸片就受到了剪刀的剪切力。纸两面受到的力试图剪开纸片。

图8-10　站在凳子上的大象给凳子施加了压力。

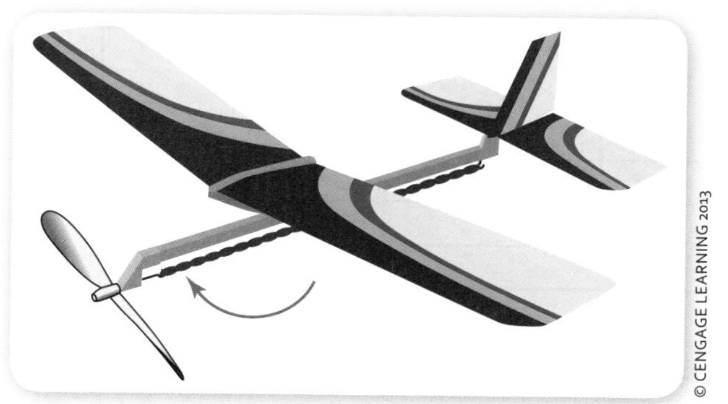

图8-11　当你旋转玩具飞机上的橡皮筋时，你就给它施加了扭力。

图8-12　剪刀剪纸时施加了剪力。

工程学挑战

工程学挑战2

研究材料强度时，工程师要进行数学计算。测试金属强度的一个方法是拉力测试。测试时，拉伸一个金属试件（施加拉力*F*），测量金属长度的变化。拉力要缓慢地施加，并不断增大直至试件断裂。我们称施加在试件上的拉力为应力σ，试件的延伸为应变。工程师用力*F*（磅力）除以试件的截面面积*A*（平方英寸）来表示应力σ（磅/平方英寸，即psi）。应变ε表示为试件长度的伸长量与原始长度之比。让我们看下面的例子。

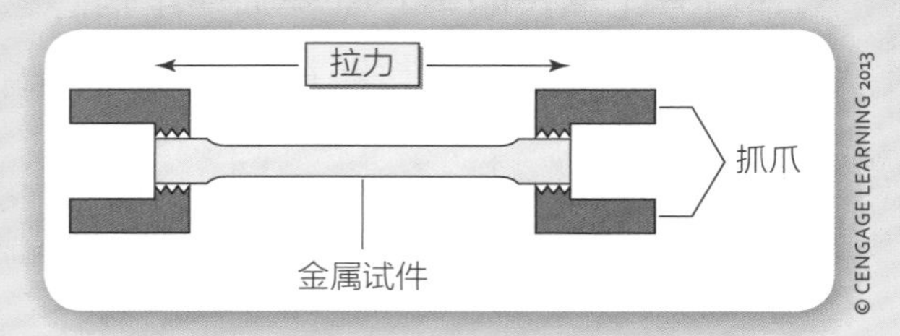

拉力实验

金属试件的直径为1英寸。当夹子施加的拉力为100磅时，试件断裂。应力的计算方式为：

$$应力\sigma(psi)=\frac{力F（lbf）}{面积A（in^2）}$$

$$应力\sigma(psi)=\frac{100（lbf）}{（3.14\times0.5in\times0.5in）}$$

$$应力\sigma(psi)=126psi$$

如果试件长度从2英寸拉伸为2.02英寸，那么应变可计算为：

$$应变\varepsilon(\%)=\frac{[新的长度（in）-原始长度（in）]}{原始长度（in）}\times100\%$$

$$应变\varepsilon(\%)=\frac{（2.02in-2in）}{2（in）}\times100\%$$

$$应变\varepsilon=1\%$$

计算下表中3个试件断裂时的应力和应变。

	应力		应变	
试件	直径（英寸）	断裂时的拉力（磅力）	原始长度（英寸）	拉伸后的长度（英寸）
A	1	2 000	2	2.001
B	1	5 00	2	2.050
C	1	1 000	2	2.020

- 哪一种材料的强度最高？
- 哪一种材料拉伸得最多？
- 工程师为什么要使用相同直径的试件？
- 工程师测试试件的伸长量时，为什么要用固定的原始长度？

工程学中的数学

当你描述路上的一个斜坡时，你可能会说这条路是一个斜坡。如果斜坡比较高，你可能会说这是一个陡坡。如果斜坡比较平，你可能会说它的坡度比较小。工程师也使用坡度这个术语，不过是用数学公式来定义它。工程师将坡度定义为垂直距离和水平距离之比。

工程学挑战

工程学挑战3

工程师在应力—应变图上画出应力和应变的测量值。图的形状可以告诉工程师试件的力学特性。数学家称该图的角度为斜率。图中线的末端为试件断裂的点。应力—应变图中(a)图的斜率较大，(b)图的斜率较小。斜率大说明该金属材料变形能力差。图中显示出该金属能够承受较大的拉力，但是会突然断裂。第2个试件只能承受较小的拉力。我们可以对这两个试件作什么对比呢？

1. 试件A和B哪一个强度更高？
2. 试件A和B哪一个延展性更好？
3. 应力—应变图中，强度大的材料的斜率是较大还是较小？
4. 应力－应变图中，延展性较好的材料的斜率是较大还是较小？
5. 这些知识对工程师设计原型有什么帮助？

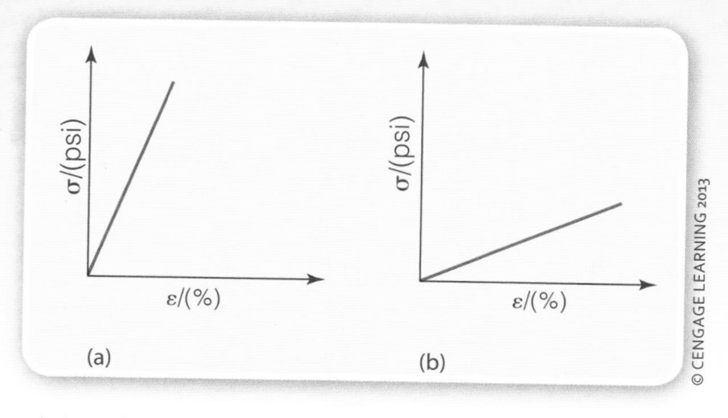

应力—应变图　(a)试件A的应变随应力变化图，(b)试件B的应变随应力变化图。

第三节：工具

工具是帮助人们施工作业的物件。工具有简单的，如一把锤子，也有非常复杂的，如数控铣床。原型制作中，人们使用的最简单的工具是常见的手工工具。电动工具通常用于较复杂的工作。

手工工具

手工工具是基于一些简单的机械（见第10章）特性设计和制作的。手工工具利用简单机械的力学优势来帮助我们完成多种工作。而在此之前，技术人员会使用测量工具布局原型。

布局工具　原型制作的第一步是根据图纸上的数据进行测量，布局材料。图8-13展示了一些常见的手工工具——钢皮尺和卷尺——用于测量和布局。这些测量工具一般的刻度至1/16英寸。角尺或组合角尺用来给材料标记垂线。对于木材，用铅笔标记。如果材料是金属，则需使用划针。

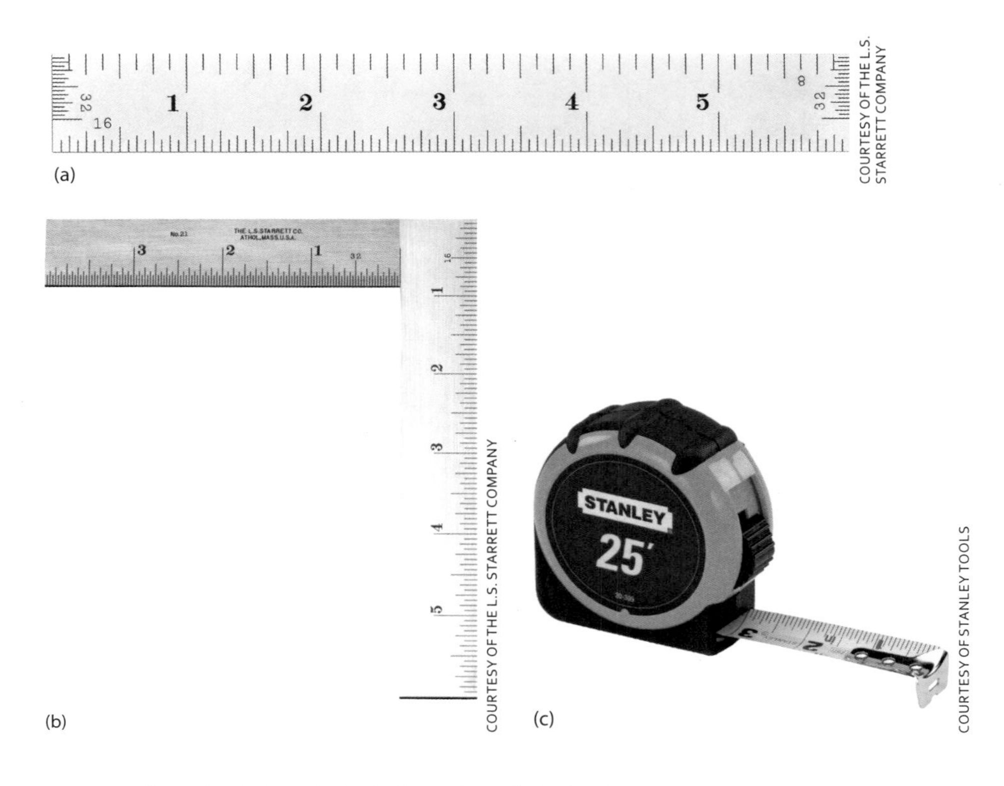

图8-13　常用的测量工具和放样工具：（a）钢皮尺（b）角尺（c）卷尺。

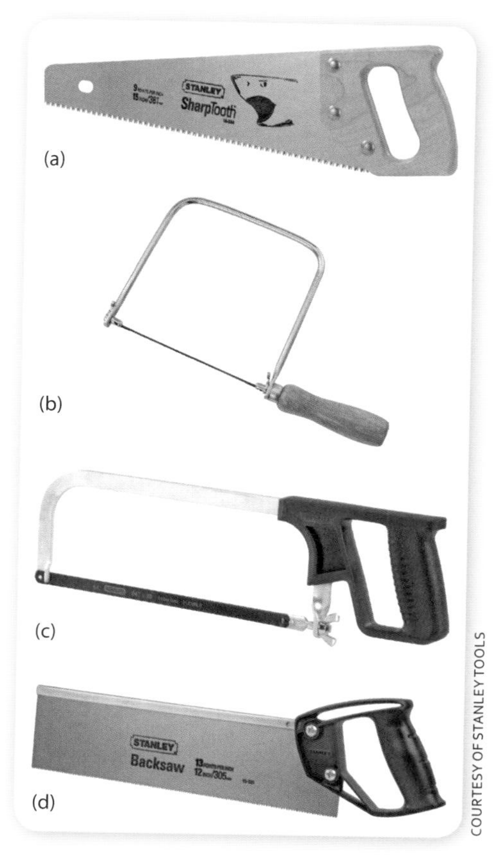

图8-14　常用的锯齿类分离工具：（a）手锯，（b）线锯（锯曲线用），（c）弓锯，（d）背锯。

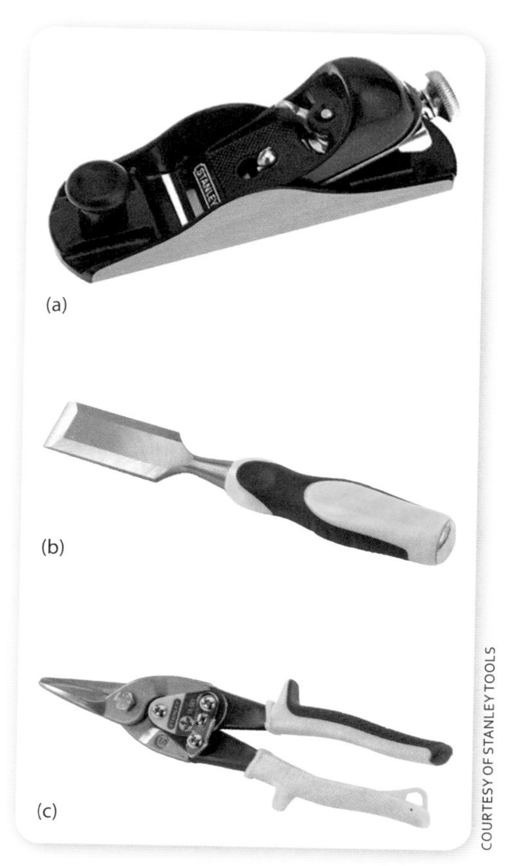

图8-15　常用的剪切类的分离工具：（a）短刨，（b）木凿，（c）航空剪。

分离工具　布局完成后，就需要把材料分离。常用的手动分离工具的功能无外乎切削（例如：锯）和剪切（例如：剪刀）（见图8-14）。常用的锯包括手锯、背锯、线锯和弓锯。我们可以用弓锯来锯断较厚的金属，用航空剪来剪较薄的金属。我们也可以用凿子来凿较软的材料，如木材。短刨可以刨片状木材的表面（见图8-15）。

图8-16（a）所示为3种常见的锉刀：扁锉，尖锉和鼠尾锉。我们可以用扁锉在材料的水平表面上锉出少量碎屑。我们可以用尖锉或者三角锉来挫掉边角等地方的材料。鼠尾锉是圆形的，用于材料的圆形区域。锉刀使用之后，锉纹上会留有很多废料。锉

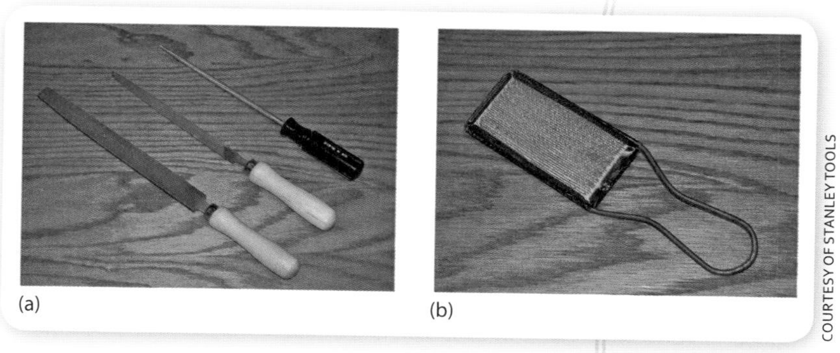

图8-16　常见锉刀：（a）扁锉，尖锉和鼠尾锉；（b）锉刀清洁刷（清洁器）。

图8-17 一套高速钻头。

刀清洁刷是一种设计用来清洁锉纹的工具[见图8-16（b)]。

要在材料上凿一个洞，工程师需要用到钻头。图8-17中的高速钻头是最常用的，但也有很多种具有特定用处的专用钻头。木螺丝需要钻两个不同的孔。模柄孔比螺丝稍大。导孔则比螺丝直径要小一些，以便螺丝的螺纹能与材料相互咬合。安装平头螺丝时，安装之前我们要先打一个埋头孔（见图8-18）。

组合工具 在材料的组装过程中，我们要用到不同的手工工具。我们使用螺丝刀来安装和起出螺丝。螺丝刀的头部型号要与所使用的螺丝型号匹配。一字型螺丝要使用一字螺丝刀，十字型螺丝要使用十字螺丝刀。还有些螺丝对应有方形、六角或者梅花型的螺丝刀等。图8-19所示为不同种类的螺丝刀。安装或起出螺丝时，选择合适尺寸和种类的螺丝刀非常重要。

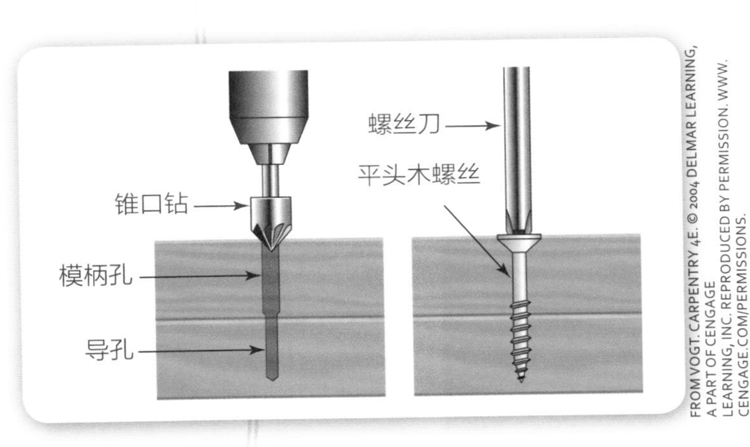

图8-18 钻一个埋头孔并钉上一个平头螺丝。

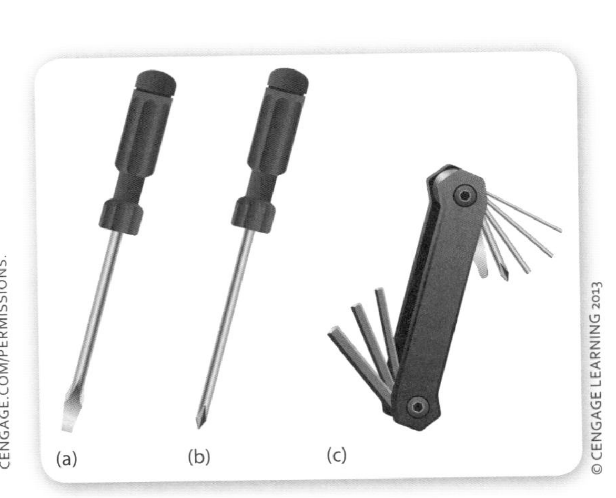

图8-19 常见的螺丝刀：（a）一字头螺丝刀，（b）十字头螺丝刀，（c）六角螺丝刀。

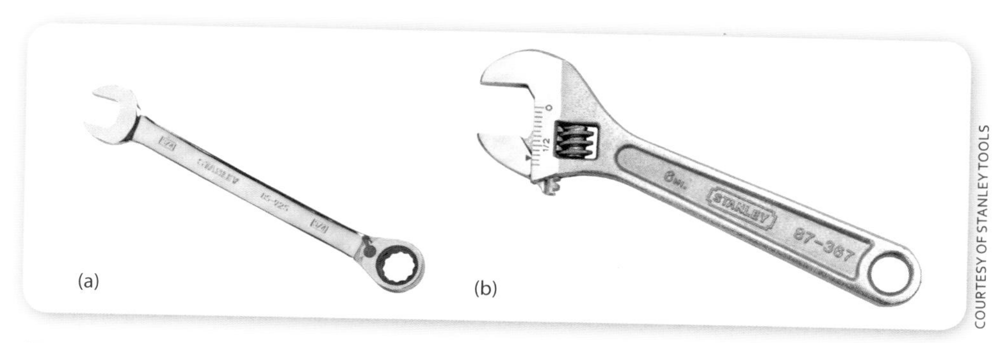

图8-20 常见扳手：（a）组合扳手，（b）可调扳手。

机械螺丝（或螺栓）需要专门的工具。组合扳手就是一种用来拧机械螺丝的手动工具。可调扳手的功能更加多样，可以用于不同尺寸的机械螺丝（见图8-20）。在组装过程中，我们也可能会用到钳子和一些第2类杠杆类的工具。钳子有很多种类（见图8-21）。钢丝钳能紧紧地钳住材料。尖嘴钳可以钳住较小的物体。斜嘴钳（剪钳）实际上是一种剪切线材的工具。

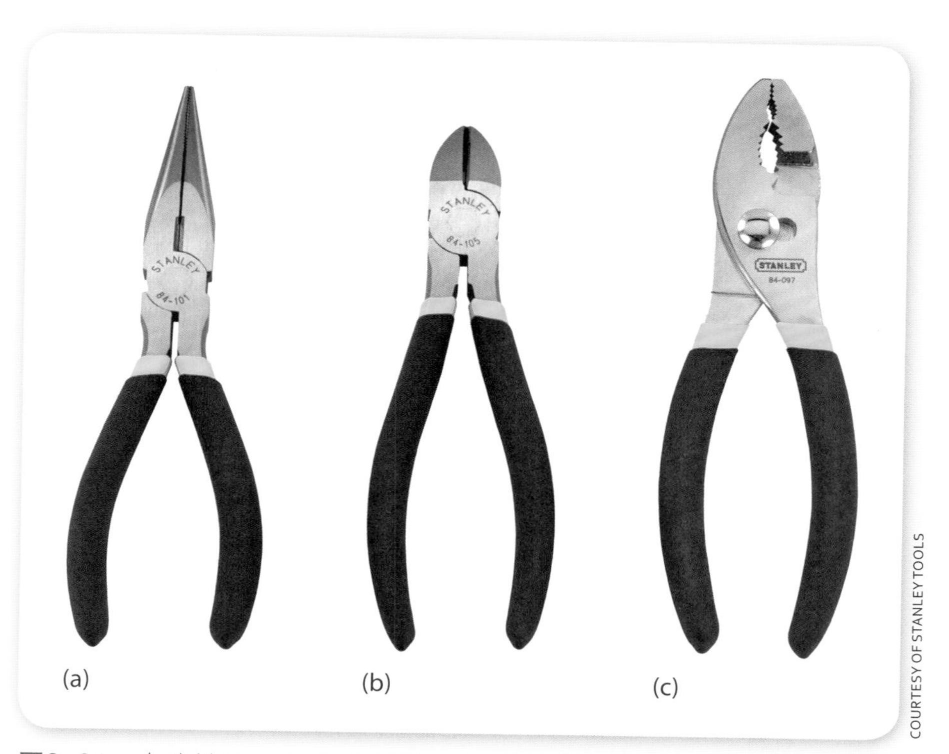

图8-21 多种钳子：（a）尖嘴钳，（b）斜嘴钳，（c）钢丝钳。

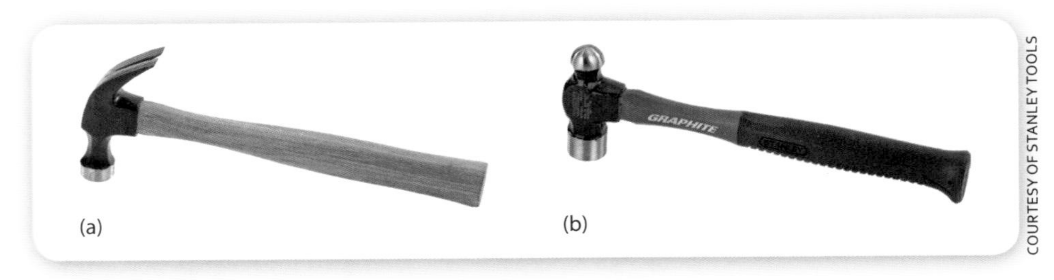

图8-22 常见的锤子：（a）羊角锤，（b）圆头锤。

图8-23 棒槌有很多种类，包括塑料的和橡胶的。

我们使用羊角锤来安装或者起出钉子。处理金属时，我们可以使用圆头锤（见图8-22）。棒槌——塑料的、橡胶的或生皮的——可以用于组装过程中（见图8-23）。材料用胶水粘在一起之后，要让它们在一定的压力下保持原样，直至胶水变干。使用图8-24中的夹具（C形夹具、手螺旋夹和弹簧夹具）可以实现这个目的。

电动工具

有些工序使用电动工具效果会更好。电动工具利用电能以代替使用手工工具的人力。学校实验室用到的两类电动工具为线锯机和钻床。这两种工具都可以切割木材、金属和塑料等材料。

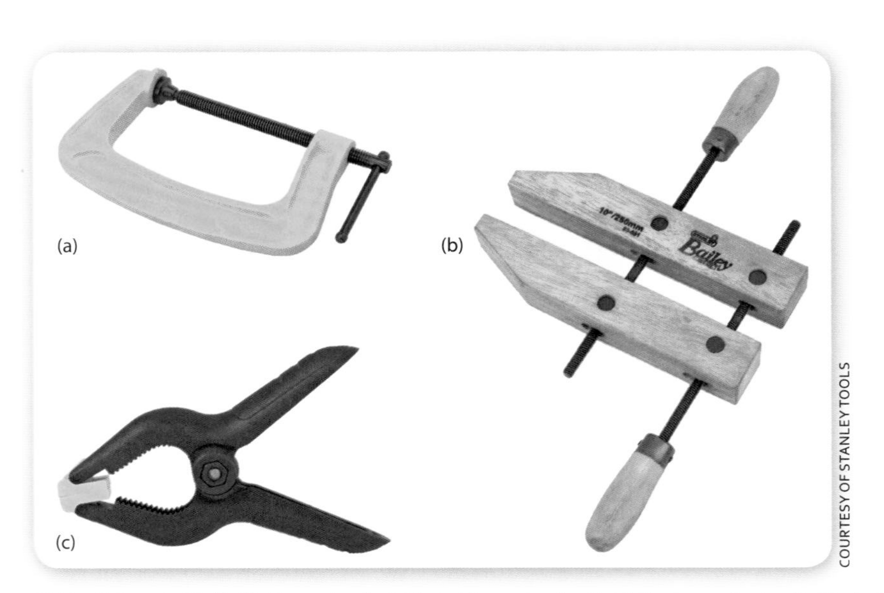

图8-24 夹钳的类型：（a）C形夹具，（b）手螺旋夹，（c）弹簧夹具。

线锯机是一种电动线锯（见图8-25），它通过叶片的上下往复使锯齿在材料上移动。钻床（图8-26）使用高速钻头来钻孔。我们把要钻孔的材料固定在钻床工作台上，然后降低旋转钻头钻进材料中。钻床也有多种专用钻头。在加工过程中，钻床可以协同夹具一起工作。如图8-27所示，我们可以使用夹具使材料对齐，使加工更加精确。

图8-25　线锯机。

图8-26　钻床。

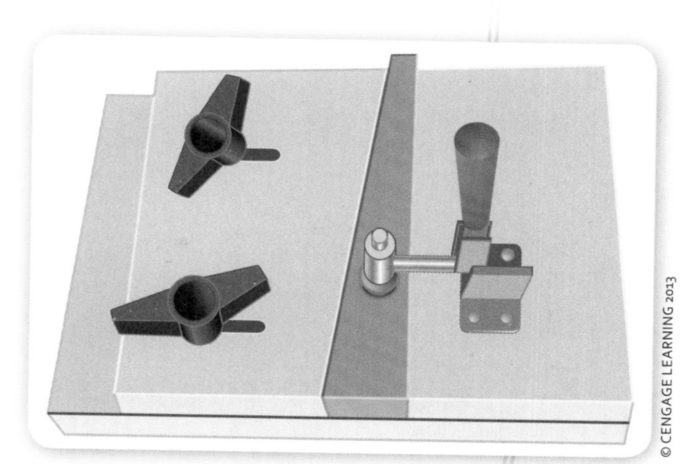

图8-27　使用夹具辅助钻孔。

总 结

在本章中你学习了

- 原型是一种用来测试设计方案的全尺寸的工作模型。
- 合金是由两种或两种以上的金属材料混合而成的一种金属。
- 塑料是一种人工合成和生产的材料。
- 力学性能包括硬度、韧性、弹性、塑性、脆性、延展性和强度等。
- 强度描述了4种可以施加给材料的力：拉力、压力、扭力和剪切力。
- 手工工具是一些可以帮助工程师制作原型的简单工具。
- 电动工具使用电力代替人力来制作样品。

词 汇

用你自己的话给下列词语下定义。然后，把你自己的答案和本章给出的定义进行对比。

模型
原型
制造
黑色金属
有色金属
合金
塑料
力学特性

知识拓展

请仔细思考，并写出下列问题的答案。

1. 解释为什么工程师必须制作和测试设计方案的原型。
2. 解释为什么工程师必须了解材料的力学性能。
3. 工程师如何确定不同材料的力学性能？
4. 列出可以施加在材料上的4种力。找出并描述生活中使用这些力的实际例子。
5. 选择一个常用的手动工具。分析这个工具是如何工作的，并找出这个工具都用到了什么简单机械。
6. 寻找一种合金，并找出合金中都含有哪些金属。猜测为什么要融合这些金属。

继续进入下一章 ▶

术语表（按照汉语拼音顺序排列）

B

闭环系统(closed-loop system)：闭环系统包含一个自动反馈环，对整个系统进行控制。

比例(proportion)：比例指的是两个物体或两种尺寸之间的关系。

比例尺(scale)：比例尺是指物体的图像尺寸与实际尺寸间的数学关系，并以比例的形式表示，如1：2（读做“1比2”），它代表的是半尺寸，或者1：1（读做“1比1”），它代表全尺寸。

C

参数(parameter)：参数是指可以确定物体特征的物理特性。

参数化建模(parametic modeling)：也叫基于特征的实体建模，参数化建模是一个三维的计算机绘图程序。

创新(innovation)：创新是对已有的产品、流程或系统的改进。

尺寸标注(dimensions)：尺寸标注是机械制图中标注的尺寸和笔记，它记录了物体的线性测量值，如宽度、高度和长度，以及物体的某些特征的位置。

D

等角图(isometric sketching)：等角图是一种展示三维物体的方式，有*x*、*y*、*z*三个轴，x轴和*y*轴的夹角总是画成120°。

笛卡儿坐标系(Cartesian coordinate system)：笛卡儿坐标系是一种对二维和三维空间中的点进行定位的数学图形系统。

电子工程师(electrical engineer)：电子工程师设计电子系统和电子产品。

F

发明(invention)：通过研究和实验来创造一个从来没有存在过的新的产品、系统或流程。

非等角平面(nonisometric planes)：非等角平面是指不在等角平面内的斜面。

分解图(erploded view)：分解图是立体图的一种，它展示了物体的尚未组装但各个部分相互联系的零件。

G

功(work)：工程师用以描述将某个物体移动一定的距离需要多大的力。

工程技术人员(engineering teachnologist)：工程技术人员是指工作在与工程密切相关的领域的人。技术员的工作通常较为实用或实际，而工程师的工作则较为理论化。

工程设计方法(engineering design process)：有系统有组织地组合在一起相互合作共同完成一项任务的一系列方法步骤。

工程师(engineer)：工程师是设计产品、结构或者系统，以改善人们生活的人。

工程手册(engineering notebook)：工程手册是一种文档，它记录着对某一产品的工程设计过程的步骤、计算以及评估。

工程学(engineering)：工程学是指设计解决方案的流程的学科。

工程分析(engineering analysis)：设计的产品生产出来之前，工程师测试产品的纯度或产品内部各部件的机械动作情况的方法。

光学(optics)：是一种研究光的学科，它包括了人们观察周围世界的方式。

国际单位制（international system）：国际单位制（SI），也叫公制度量，是世界上大部分国家都实行的度量标准。（其缩写来源于法语术语，Systéme, International d'units.)

H

航空航天工程师(aerospace engineer)：航空航天工程师设计飞行使用的机器。

合金(alloy)：合金是将两种或两种以上的金属混合而成的一种材料。

黑色金属(ferrous metals)：黑色金属包含铁。

环境工程师(environmental engineer)：环境工程师设计保护和维持环境的方案。

绘图平面(sketch plane)：在参数化建模中，绘图平面是绘制几何特征的面。

J

几何学(geometry)：几何学是数学的一个分支，它研究的是空间的性质，包括空间中的点、直线、曲线、平面、面，以及它们所形成的图形。

几何约束(geometric constraint)：几何约束确立了如线条等草图特征之间和图形之间的固定关系。例如，我们可以约束两条线使其互相平行或者垂直。

技术(technology)：技术是（1）人类发明新产品以满足自己需求的流程（2）产品或人工制品的实际生产。

技术资源(technological resource)：技术资源是指有价值、可以用来满足人类的需求和欲望的东西。

机械工程师(mechanical engineer)：机械工程师设计的产品从简单的玩具到大而复杂的机器产品。

简略草图(thumbnail sketch)：通常来说，简略草图小而简单，只是表达一个想法所需要的基本细节。它经常用于集体讨论时快速记录灵感。

K

开环系统(open-loop system)：开环系统是一种最简单的系统类型，它需要人为地对其进行控制。

具象化(visualizing)：具象化是指在头脑中形成一个物体图像的能力，徒手画图就是把头脑中的图像记录到纸上的过程。

L

拉伸(extruding)：在参数化建模中，拉伸是一种增加几何图形深度的方法。

立体草图(pictorial sketching)：立体草图是一种用三维的方式生动地展示物体的方式。

力学性能(mechanical properties)：力学性能是对材料特性的描述，包括硬度、韧性、弹性、塑性、脆性、延展性和强度。

两点透视(two-point perspective)：两点透视能够使观察者看到物体的两边“消失”在不同的两点。

轮廓(profile)：轮廓是指物体侧面的二维外边

缘线。

M

模型(model)：模型是对现有物体的三维展示。

没影点(vanishing point)：没影点是视平线上我们的视线消失的位置。

N

能源(energy)：做功的本领。

逆向工程(reverse engineering)：逆向工程是一种测试并分析现有产品，并重新设计产品的技术草图的过程。

P

平面(plane)（第5章）：平面是指几何的水平面。

平面(plane)（第7章）：平面指的是一个没有厚度的平坦的面，类似于一张无限延伸的纸片。

S

三维(3D)草图[three dimensional (3D) sketch-ing]：在三维草图中，所画物体呈现出来宽度、高度和深度。

设计纲要(disign brief)：设计纲要指的是一份包含确认所要解决的问题、设计标准及约束条件的书写计划。

市场调研(market research)：市场调研是对潜在用户的调查，意在找出他们对产品喜欢和不喜欢的地方。

塑料(plasties)：塑料是一种大分子合成材料，可以通过加热塑形，而且主要从石油产品中获取。

素描几何(sketch geometry)：素描几何是一种用参数化建模程序绘制几何图形的方法。

T

特征(features)：特征指的是物体或物体的部分如孔、钉、槽、铁钳。

同步工程(concurrent engineering)：同步工程是指设计、制造产品的所有人员在工程一开始便参与进来。

透视(perspective)：透视是我们在真实世界里看物体的距离和深度的方式。

头脑风暴(brain storming)：头脑风暴是一种团队所有成员一起自由讨论和产生想法、共同解决问题的方式。

透视图特性(perspective drawing or sketching)：在透视图中，当物体接近或远离观察者的时候，它们看起来变短了，彼此也更近了。

土木工程师(civil engineer)：一个土木工程师设计和管理公共工程项目的建设（比如说高速公路，桥梁，卫生设施和供水处理厂）。

徒手绘制工艺草图(freehand technical sketching)：徒手绘制工艺草图是一种绘图方式，不使用T形尺，三角板，圆规之类的绘图工具。

椭圆(ellipse)：椭圆是一个压扁的圆。

W

文档记录(documentation)：文档记录是对描述产品的用途、生产步骤，及其他相关事项的记录和图纸的有组织的收集，以备日后进行参考。

X

细节草图(detailed sketch)：是包含尺寸、注释和符号的二维草图或三维图片。有时为了突出效果，会在草图上添加渐变色或阴影。

系统(system)：是指有组织地组合在一起，相互合作，共同完成一项任务的一套或一组零件。

线型表(alphabet of lines)：线型表展示了各种类型的线。它们组合成了一个物体的工程草图。

渲染(rendering)：渲染是通过对颜色、表面纹理、渐变色和阴影的运用，使所画物体看起来更真实。

Y

有色金属(nonferrous metals)：有色金属不包含铁。

原点(origin)：原点[记为O或者（0，0）]是x轴和y轴的交点。

原型(prototype)：原型是一种用来测试设计方案的全尺寸的工作模型，其用处是通过对它的实际观测来测试设计方案。

约束(constraints)：一种限制，例如设计过程中对外形、预算、空间、材料或人力资本的限制。

Z

展示图(presentation sketch)：展示图非常详细和逼真，通常是三维(3D)示图，比如等角图或透视图。

正投影(orthographic projection)：正投影是一种将物体垂直投影到某个平面上的方法。

制造(fabrication)：制造是指制作或创造某个物体的过程。

制作图(working drawing)（第6章）：制作图是可以根据其来制造产品的草图。

制作图(working drawing)（第7章）：制作图是指带有尺寸和标注的，表示一个物体不同视图的二维图形（例如：前视图、俯视图）。

注释(annotations)：注释是指在工程草图中的文字记录，目的是让看图的人更确切地理解。

专利(patent)：联邦政府和发明者之间的契约，使发明者拥有制造、使用和出售产品的独特权利，期限为17年。

子系统(subsystem)：作为另一个系统中的一部分运行的系统。

组装图(assembly drawing)：组装图是一种展示了物体放置在正确位置的各个部件的立体图。

最优化(optimization)：最优化是指在给定的标准和约束条件下，设计出尽可能高效和实用的产品的行为、过程或者方法。

其他

CAD：CAD是computeraided drafting or design（计算机辅助制图或设计）的首字母缩写。

图书在版编目（CIP）数据

工程学入门. 上/（美）乔治·E. 罗杰斯（George E. Rogers），（美）迈克尔·D. 莱特（Michael D. Wright），（美）本·耶茨（Ben Yates）著；陈晨晟等译. —上海：上海科技教育出版社，2017.12

（中小学工程教育丛书/张民生主编）

书名原文：Gateway to Engineering

ISBN 978-7-5428-5827-6

Ⅰ. ①工… Ⅱ. ①乔… ②迈… ③本… ④陈… Ⅲ. ①工程技术 Ⅳ. ①TB

中国版本图书馆CIP数据核字（2017）第024651号

责任编辑 顾姚星 时雪草

装帧设计 杨 静

中小学工程教育丛书

工程学入门（上）

乔治·E. 罗杰斯（George E. Rogers）

迈克尔·D. 莱特（Michael D. Wright） 著

本·耶茨（Ben Yates）

陈晨晟 房 奇 沈哲亮 赵勇智 周球尚 译

出版发行 上海科技教育出版社有限公司

（上海市柳州路218号 邮政编码200235）

网 址 www.sste.com www.ewen.co

经 销 各地新华书店

印 刷 上海昌鑫龙印务有限公司

开 本 889×1194 1/16

印 张 12.75

版 次 2017年12月第1版

印 次 2017年12月第1次印刷

书 号 ISBN 978-7-5428-5827-6/G·3747

图 字 09-2016-199号

定 价 70.00元

Gateway to Engineering, 2nd edition

By

George Rogers, Michael Wright and Ben Yates